ESGとTNFD時代のイチから分かる

生物多様性・ネイチャーポジティブ経営

藤田 香 著

日経BP

はじめに

「カーボンニュートラルの次のテーマはネイチャーポジティブらしいから、今度担当になってくれ。よく調べておくように」。経営層や上司からそう言われて、本書を手に取った企業人もいるだろう。あるいは、金融業界に身を置いて、自然をテーマにエンゲージメントを実施する必要が出てきた、自然のことをもっと勉強しなければ。そんな金融マン・ウーマンもいるだろう。あるいは、生物多様性や地域の自然保護には詳しいが、このテーマが企業や投資家とどう結びつくのか分からない。そんな研究者や、環境NGO、学生もいるだろう。本書は、そのすべての人の知りたいにお答えできるように構成した。

ネイチャーポジティブ——。聞きなれないこの用語を耳にする機会が最近増えたのではないだろうか。生物多様性・自然資本を保全し活用する分野はものすごいスピードで動いている。2022年の年末には生物多様性条約第15回締約国会議（COP15）が開催され、2030年に向けた「自然の世界目標」が採択された。年が明けて春を迎え、あと半年もしたら、今度は自然関連財務情報開示タスクフォース（TNFD）の開示枠組みが発表される。企業は投資家に向けて、自然の情報開示をしなければならなくなる。

筆者は長年、生物多様性・自然とビジネスの関係を追ってきた。しかし、ここ数年の動きは目まぐるしいと感じている。本書はもともと、2017年に発行した前著『SDGsとESG時代の生物多様性・自然資本経営』の改訂版として企画した。発行から5年が経ち、そろそろ改訂の時期だなと思ったのだが、編集を始めてみたら「更新や改訂では無理だ。全面的に書き換えないといけない」とすぐ気づいた。

この5年間のうち、最初の2年は持続可能な調達など、いわゆる自然を大切にする経営が中心だった。しかし、金融業界がこの分野に本格的に参入してきた最近の2年は、生物多様性・自然は経営課題になり、経営者は投資家に企業姿勢を示さなければならないテーマになった。

まさに今は、その激動の渦の中。企業と投資家、アカデミア、NPOと、言語も文化も違う人々がぶつかり合い、ああだこうだと熱を帯びて語りながら新しい枠組みや社会の流れをつくろうとしている時期だ。

　そういう時期に出す書籍だけに、トップダウン的な経営目線の事例もあれば、投資家の事例、そして持続可能な原材料調達に泥臭く取り組む現場の事例もある。そのすべてが必要だと思っている。

　トップダウン的に自然資本経営、ネイチャーポジティブ経営を進めても、結局は最終的にマテリアルな場所や原材料の把握に降りてくる。生物多様性は場所に紐づき、だからこそトレーサビリティの確保が重要であり、地域の人々の暮らしが重要なのだ。

　読者には、ぜひ第1部の全体動向とQ&A、第2部のインタビューを読んでいただきたい。これでおおよその流れがつかめるはずだ。第3部以降は、それぞれの立場に合わせて、読者が興味に合わせて拾い読みしてくれればよいと思っている。

　ネイチャーポジティブの大きなうねりがどこに帰結するのか筆者もまだ分からない。本書を通して読者の皆さんに投げかけ、皆さんと一緒に考え、見守ることができたらと思う。

　なお、本書は過去記事を再録しつつ、新たな記事も交えて構成した。過去の記事は可能なものはアップデートしたが、できないものは当時の情報にしておいた。重要な取り組みであり、ぜひ皆さんに知ってほしいと思ったからだ。

　本書が、皆さんがネイチャーポジティブを理解するきっかけになることを願っている。

藤田　香

注：本書では「生物多様性」「自然」「自然資本」という用語を使っている。国連や企業、金融界は、同じことを指すのに「生物多様性」「自然」「自然資本」を混在して使うケースが多いからだ。いずれも「自然の価値を見直そう」という考えが根底にある点は同じだ。本書も、各組織の用語に合わせて混在させて使っている。

Contents

ネイチャーポジティブ 最前線

なぜ今、ネイチャーポジティブか

経営課題になった 生物多様性・自然

　森林や海洋、農地、そこに暮らす野生生物たちを保全し、それらの天然資源を上手に利活用しながら折り合いをつけていく経営が企業に求められるようになってきた。「生物多様性に配慮した経営」、言い換えると「自然資本経営」、「ネイチャーポジティブ経営」が重要になっている。重要どころか中核的な経営課題になりつつあるとさえいえる。

　世界の経営者がこれをいかに大切だと思っているかを示す例として、世界経済フォーラムが毎年発表する「グローバルリスク報告書」がある。世界経済フォーラムといえば、世界の政治家や企業経営者が一堂に会して世界経済や環境問題を議論する年次総会、通称「ダボス会議」は有名だ。グローバルリスクの報告書はダボス会議で毎年発表されるが、2022-23年度の報告書で、「今後10年間に起こり得る深刻度が大きいグローバルリスク」として「生物多様性の喪失と生態系の崩壊」を４位に、「天然資源の危機」を６位に挙げた。生物多様性・自然関係が、気候変動に次いで環境分野では不可欠なテーマになっていることが分かる。

　実際、企業から自然分野への投資も始まっている。米アップルは、2030年までのカーボンニュートラル達成に向け、再生可能エネルギーなどによって温室効果ガスを直接削減できるのは排出量の75％までだとして、残りのCO_2を生物多様性に配慮した森林保全活動で吸収して賄うことを表明。環境NGO「コンサベーション・インターナショナル」（CI）や米ゴールドマン・サックスと組んで、森林再生に投資する２億ドル（約260億円）の自然再生ファンドを2021年４月に立ち上げた。セイコーエプソンは2023年３月に世界の森林の保全と回復に向けて世界自然保護基金（WWF）と３年間のパートナーシップを結び、合計２億4000万円を供出し、森林資源（紙）の持続

可能な調達や、淡水生態系の保全、資源循環の活動を進めると発表した。三菱地所も2023年３月、群馬県みなかみ町と日本自然保護協会と協定を結び、人工林の自然林への復元や生物多様性の定量的な評価手法の開発などに10年間で６億円の支援を始めた。

　自然を守ることと企業の経営は相反するのではないかと考える読者もいるだろう。ロシアのウクライナ侵攻を巡る国際紛争や、世界的な資産インフレ、金融政策の変更など世界の政治経済が激変する中で、「なぜ、企業が自然を保全することが重要なのか」。ネイチャーポジティブの世界の動きを解説する。

資源争奪戦に勝ち残れ

　ネイチャーポジティブとは、2030年までに自然の損失を止めて、プラス

■ 今後10年間に起こるグローバルリスク

1　気候変動緩和策の失敗

2　気候変動への適応（あるいは対応）の失敗

3　自然災害と極端な異常気象

4　生物多様性の喪失や生態系の崩壊

5　大規模な非自発的移住

6　天然資源危機

7　社会的結束の侵食と二極化

8　サイバー犯罪の拡大とサイバーセキュリティの低下

9　地経学上の対立

10　大規模な環境破壊事象

リスク分類　■経済　　環境　■地政学　■社会　■テクノロジー

今後10年間に起こり得るリスクの深刻さを推定した。４位に「生物多様性の喪失と生態系の崩壊」、６位に「天然資源危機」が上がった
出所：世界経済フォーラム「グローバルリスク報告書2022-2023」

に転じることである。自然を増やす、自然の価値を高める、自然に配慮した経営をすることが鍵になる。ネイチャーポジティブ経営が重要になってきている理由は大きく分けて7つある。

　最も大きいのは資源問題だ。世界の人口増加や途上国の経済発展によって資源は減少・枯渇し、企業は資源の争奪戦や価格の高騰に直面している。ロシアのウクライナ侵攻を契機に上昇したエネルギーや資源の価格は企業経営を圧迫し、サプライチェーンの見直しが迫られている。言うまでもなく、企業の経営は様々な天然資源の活用で成り立っている。生物多様性の損失による資源の減少は深刻化している。

　資源事業を手掛ける丸紅の橋本昌幸・サステナビリティ推進部長は、「生物多様性の損失は『供給できる資源が無くなる』という、商社にとってシリアスな問題をはらむ。資源を確保し、いかにサプライチェーンで強靭性を保てるかが企業価値に直結する」と指摘する。

　世界の天然資源は人間活動によって減少している。森林面積は1990～2020年の30年間で合計1億7700万ha減少した。これは日本の国土面積の5倍に当たる。私たちが食べる魚も減少している。日本人は養殖よりも天然魚を好む傾向にあるが、天然の水産資源は既に35%が乱獲や過剰漁獲によって資源が枯渇ないしは持続不可能な状態に陥っている。食料を得るための耕作や家畜の飼育は、大量の土地や水を使用するとともに、生産に伴って温室効果ガス排出量の増大や生物多様性の劣化を引き起こしている。

　農林水産業や食品・小売りなどの企業は自然や生物多様性に大きく依存し、影響を及ぼしている。一方、電機電子や自動車、機械などの産業は関係がないかと言うと、そうではない。原材料である金属・鉱物資源の採掘も自然に大きな負荷を及ぼし、企業は評判リスクや操業リスクにさらされる。

　国際自然保護連合（IUCN）のレッドリストによれば、地球上に存在する種のうち約15万種を評価したところ、28%に当たる4万2108種が絶滅危惧種であると判断している。国連が2018年に発表した「生物多様性及び生態系サービスに関する政府間科学－政策プラットフォーム（IPBES）」報告書は、

■ 生物多様性・自然に取り組む7つの理由

1. 自然資源の減少、生物多様性の損失が止まらない
世界の生物種（科学者が評価した種）のうち28%が絶滅危惧種

2. 44兆ドルの経済的損失と年間10兆ドルの機会に
世界経済フォーラムが経済的損失と価値創出を指摘

3. COP15でネイチャーポジティブに合意
2030年までに生物多様性の損失を止め、回復させる

4. TNFDが自然による財務影響の開示を求める
TNFDの枠組みが2023年に完成し、企業の開示が始まる

5. 金融機関が生物多様性・自然への投融資を活発化
EUサステナブル金融開示規則で生物多様性についても報告を要請

6. EUタクソノミーが企業の活動を評価
生物多様性に配慮した事業を「グリーン」に分類

7. 気候変動対策に自然の力を活用
世界の科学者（IPCCとIPBES）が気候変動と生物多様性の相関を指摘

TNFD：自然関連財務情報開示タスクフォース、IPCC：気候変動に関する政府間パネル、IPBES：生物多様性及び生態系サービスに関する政府間科学-政策プラットフォーム

■ 世界の絶滅危惧種の状況

国際自然保護連合（IUCN）による評価。地球上では213万種に学名がついており、そのうち15万種を評価した結果、28%の4万2108種を絶滅危惧種と判断した

出所：国際自然保護連合 (2023年3月時点)

種の絶滅の速度が早まっていて、現在、推定約100万種が絶滅の危機にあると警告した。

自然の毀損が経済的損失に

　ネイチャーポジティブ経営が重要な理由の2点目は、生物多様性の損失が経済的損失につながることが明確になってきたことだ。世界経済フォーラムが2020年に発表した「自然とビジネスの未来」報告書は、世界のGDP（国内総生産）の半分に当たる約44兆ドルが自然に依存しており、自然の毀損が経済的損失につながることに警鐘を鳴らした。特に「食料・土地利用」「インフラ・建築」「採掘・エネルギー」などの産業が種の絶滅の大きな原因であると指摘した。逆に自然を優先する「ネイチャーポジティブ経済」に移行すれば、2030年までに年間で最大10兆ドルの価値と3億9500万人の新規雇用が生まれるという機会の創出も示した。

　同報告書はさらに、各国の財務大臣に対し、GDP以外の方法で経済状況を測れるような測定方法の改善や、「自然に基づく解決策（NbS＝Nature-based Solutions）」への財政支援を拡大するよう提案した。NbSとは森林再生や海洋保全など自然を活用して課題を解決する方法を指す。

　英財務省が2021年に発表した「ダスグプタ・レビュー」も自然を大切にする社会経済の構築を後押しした。ケンブリッジ大学のパーサ・ダスグプタ教授が生物多様性と経済の関係を分析した報告書で、1992〜2014年に世界人口1人当たりの自然資本は40％減少したと試算し、生産と消費の見直しや、金融の意思決定に自然資本の価値を組み込む変革が必要だと強調した。これまで経済システムの中でタダ同然に扱われてきた自然に対し、金融業界が投融資の際にその価値を組み込む必要性を指摘したことは大きな影響力を持つことになった。

　主要7カ国首脳会議（G7）も呼応した。フランスが議長国を務めた2019年のG7では「生物多様性憲章」を採択。英国が議長国を務めた2021年のG7は、「2030年までに自然の損失を反転させてネイチャーポジティブ」にするという「2030年自然協約」を採択し、G7諸国が協調して取り組むことを世界に示した。

■ 企業活動における生物多様性のリスクと機会

区分	リスク	機会
政策・規制関連	• 自然資本にかかる規制強化に伴う原材料調達のコスト増加（サプライヤーの単価上昇や課税措置の追加など） • 規制強化に伴う生物資源の割当量の減少、使用料金の発生、輸送時のコスト増大 • 法規制対応（許認可取得）に要するコスト増や非対応時の販売機会の損失	• 生物多様性に配慮することによる操業拡大の正式な許可の取得 • 新たな規制などに適合した新製品の開発・販売
世評関連	• 生物多様性への悪影響の顕在化によるブランドイメージの低下 • 投資家からの評価の変動による資金調達の困難	• ブランドイメージ向上、消費者アピールや同業他社との差別化 • 地域住民などのステークホルダーの理解促進・関係強化
市場・製品関連	• 消費者意識の変化に伴う顧客の減少 • 生物多様性品質の劣位による製品・サービスの市場競争力の低下 • 生物多様性に配慮せずに操業していることを理由に、取引先（サプライチェーン上流・下流両方）から取引停止される可能性（取引先側による、レピュテーションリスク回避を目的とした対応の結果）	• 生物多様性に配慮した新製品やサービス、認証製品などの市場の開拓 • 生物多様性の保全と持続可能な利用を促進する新技術や製品などの開発（バイオミミクリー・遺伝資源利用など）
財務関連	• 金融機関の融資条件の厳格化により融資が受けられなくなる可能性	• ESG 投資などを重視する投資家へのアピール、融資先の拡大
社内関連	• 企業イメージ悪化に伴う従業員の満足度の低下	• 従業員の満足度の向上 • 人材の確保
操業関連	• 生物資源の減少による原材料調達の不安定化（品質低下） • 生物資源の減少による原材料の不足や調達コストの増加 • 管理不足による社有林の荒廃、土砂災害などの発生	• 生物資源の持続可能な使用や使用量の削減により、生物資源の減少等の影響を受けにくい生産プロセスの構築 • サプライヤーへのマネジメント強化によるサプライチェーンの強靭化 • 国内の自然資本の活用による地政学的なサプライチェーンの強靭化

出所：環境省「生物多様性民間参画ガイドライン（第3版）－ネイチャーポジティブ経営に向けて－（案）」

　世界経済フォーラム報告書やダスグプタ・レビューに書かれたのは、企業や金融界が連携することの重要性だ。これまで自然は国連や政府が守るものであり、経済システムの中ではタダ同然で扱われてきた。例えば企業や消費者は木材の購入にはお金を支払っても、木材を創出する森林という自然資本

を守ることにはお金を払っていない。水道代にはコストをかけても、水を育む森林や土壌には支払いをしていない。自然資本は公共財と見なされてきたからだ。

しかし、その自然資本の枯渇や減少に直面して、社会経済の変革や企業活動の変化の必要性を感じるようになった。企業は事業活動に伴う自然への負荷を減らすだけではなく、資源を自ら支えて増大させる経営にかじを切らなければ、減少する資源の争奪戦に巻き込まれ存続が難しくなることが指摘されるようになった。この数年で状況ががらりと変わったのである。

COP15で決まった2030年の世界目標

3点目は、ネイチャーポジティブの流れを後押しする国連や国際社会の動きだ。2022年12月に開催された国連生物多様性条約第15回締約国会議（COP15）で、196カ国・地域の合意を得て、生物多様性の2030年や2050年に向けた新しい世界目標「昆明・モントリオール生物多様性枠組」が採択された。

COP15では「2030年までに自然を回復軌道に乗せるために生物多様性の損失を止めて反転させる緊急の行動をとる」という、いわゆる「ネイチャーポジティブ」の考え方が盛り込まれた。さらに、2030年の行動目標「昆明・モントリオール2030年目標」が採択された。23個の行動目標から成り、企業の行動に焦点を当てた目標も多い。目標15は「サプライチェーンを通して生物多様性に与える影響を評価し、対応し、開示を求める」ことが定められた。目標3は「陸域と海域の30％保全」。ここには、いわゆる国や自治体が定める保護区だけでなく、社有林など企業が管理する緑地で基準を満たす地域もカウントできることになった。昆明・モントリオール2030年目標に義務や罰則規定はないが、国連で合意された目標であることから、資本市場の要請や各国の規制によって実質的な強制力が働くと予想される。

COP15には産業界の関心も高く、多くの企業人が参加した。経団連は、損害保険ジャパン会長で経団連自然保護協議会会長の西澤敬二氏をはじめ、

35人の使節団を送り込んだ。日本からは政府、企業、NGOなど過去最大規模の250人が参加した。

　世界の金融関係者も集まった。仏BNPパリバや蘭ロベコの他、日本からも三井住友フィナンシャルグループやMS&ADホールディングスインシュアランスグループなどが参加し、金融業界も一丸となってネイチャーポジティブに貢献する取り組みに資金の流れを変えていこうとする姿勢を打ち出した。産業界はカーボンニュートラルとネイチャーポジティブを対で実現しようと動き始めている。COP15は、国連や政府主導だった自然の分野に、民間の技術や資金が大きく投じられる節目になったことを印象づけた。

金融が企業に自然の情報開示を迫る

　4点目の理由は、自然の情報開示が企業に求められるようになってきたことだ。昆明・モントリオール2030年目標の目標15とも連動する。

　金融界は生物多様性がシステミックリスクになり、生物多様性や自然が金融安定性に影響を及ぼすと気づいた。森林資源や水資源、鉱物資源などの自然資源は企業に原材料を提供し、事業活動を支えている。しかし、現在の経済システムには、こうした資源を育む森や土壌などの自然の価値が組み込ま

■ 企業活動における生物多様性のリスクと機会

2022年12月に開催された生物多様性条約第15回締約国会議（COP15）で、2030年に向けた枠組み「昆明・モントリオール生物多様性枠組」が採択された。23個の行動目標も決まった

れていない。生態系が失われると天然資源も減少し、事業活動にリスクをもたらし、投融資を行う金融機関のリスクにもなる。生態系の激変は、金融システムの安定性を脅かすばかりでなく、洪水防止や水源涵養などの機能を失わせ、社会的なリスクももたらす。そうした認識が広がった。

　そこで、企業が自然にどれだけ依存し、影響を与えているか、情報開示が必要になった。企業に自然の情報開示を求めようと、開示の枠組みをつくる「自然関連財務情報開示タスクフォース（TNFD）」を国連やNGOが共同で設立し、2021年に発足した。TNFDは企業が自然への依存と影響を把握し、リスクと機会について開示する枠組みをつくる国際的な組織で、気候関連財務情報開示タスクフォース（TCFD）の自然版に当たる。

　TNFDの枠組みは2023年9月に完成する予定だ。企業は枠組みに沿った開示が今後求められるようになる。ESG投資家はその開示情報を基に企業を選別する。大企業だけでなく、サプライチェーンを通して中小企業や地域の店舗まで自然の情報開示が求められるようになるだろう。気候変動のTCFD開示が2021年から東京証券取引所プライム市場上場企業に事実上、義務化されたように、TNFDも同じ道をたどる可能性がある。

　ネイチャーポジティブ経営が必要になってきた5点目、6点目の理由は欧州の動きだ。欧州連合（EU）は新成長戦略「グリーンディール」で2050年までに温室効果ガス排出量を実質ゼロにするカーボンニュートラルを打ち出し、それを支える戦略として「生物多様性戦略2030」と「食料戦略（farm to fork：農場から食卓まで戦略）」を発表した。彼らは気候変動、生物多様性、食料問題を包括的に捉えて法整備を進めている。

　こうした大きな枠組みの中、生物多様性に関する規制も始まっている。2021年に機関投資家に適用されたEU「サステナブル金融開示規則（SFDR）」は、投資家に取り扱う金融商品がサステナブルかどうかの開示を義務づけるものであり、生物多様性についても報告が課せられている。

　各国独自の規制もある。フランスの「エネルギー・気候法」第29条は、2022年6月から資産運用会社に生物多様性に関する開示を義務づけた。投

資家に対して生物多様性条約の目標に即した戦略の策定や、生物多様性に及ぼす環境影響を測るのにどんな指標を使っているかについて開示を求める。「法により、投資先企業が自然・生物多様性にどれだけ依存し、影響を与えているかを把握する必要に迫られた」とBNPパリバ・アセットマネジメントのESGアナリスト、ロバート・アレキサンドル・プジャード氏は投資先企業の生物多様性の分析を急いだ背景を話す。

事業会社に対しては、環境的に持続可能な事業かどうかを分類する「EUタクソノミー」の適用が始まったことも大きい。タクソノミーは「生物多様性と生態系の保全と回復」についても「グリーン」の基準や要件を定めている。投資家は投資先企業のビジネスが生物多様性にどれだけ依存し、どれだけインパクト（影響）を与えているかを把握し、タクソノミーの基準に合う「グリーン」な経済活動に資金を流す必要に迫られている。そのために、企業の生物多様性に関わる取り組みや、依存度や影響を正しく科学的に把握する動きが加速している。

もちろん、生物多様性・自然の分野は気候変動のように一筋縄ではいかない。森林、海洋、土地利用と性質の異なる生態系の状態を把握するのは容易ではなく、地域によっても異なる。例えば森の伐採や植林1つとっても、豊かな熱帯の天然林伐採と日本の人工林の間伐では影響や効果は異なる。本当にサステナブルな取り組みなのか。企業は今後、TNFDの枠組みに沿って、事業活動が自然に及ぼすリスクと機会や、取り組みの進捗状況を開示しなければならなくなる。その際、羅針盤となるのは、COP15で採択された昆明・モントリオール2030年目標だ。

国連と金融機関、企業が手を取り合い、三位一体で生物多様性・自然の評価と情報開示に取り組む必要性が生まれている。そこには科学者の定量的な科学データも欠かせない。ネイチャーポジティブ経済の移行には消費者の行動変容も求められる。

7点目は生物多様性保全と気候変動対策のシナジー効果だ。2021年6月に発表されたIPBESと気候変動に関する政府間パネル（IPCC）の「合同ワー

第**1**部 ネイチャーポジティブ最前線

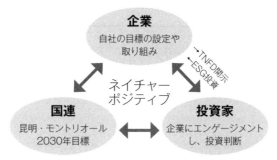

■ 三位一体で生物多様性とネイチャーポジティブの取り組み
を進める

国連、企業、投資家が生物多様性・自然の保全に向けて連携を始め
た。企業は国連の世界目標に沿って目標を設定し取り組みを進め、
投資家も世界目標を踏まえて企業にエンゲージメントを行う

クショップ報告書」は、気候変動によって生物多様性の損失が進む一方、生
物多様性が失われるとCO_2吸収量が減って気候変動に影響するとし、温暖化
対策と生物多様性保全は相互に補完し合うと論じた。「カーボンニュートラ
ル」と「ネイチャーポジティブ」を両輪で進める経済への移行が国際社会で
叫ばれるようになった。

　昆明・モントリオール2030年目標にも、目標8「自然に基づく解決策
（NbS）で気候変動対策に貢献する」が盛り込まれた。今後、日本が進める
脱炭素に向けた社会変革「グリーントランスフォーメーション（GX）」でも、
政府は資源循環や生物多様性保全とのシナジー効果を出していきたい考えだ。

　「自然」を経営の中核に取り入れ、ビジネス機会を創出する。10兆ドルと
される市場を見据えながら、世界の金融機関や企業は動き出している。

第 **1** 部

ネイチャーポジティブ
最前線

パート2

ネイチャーポジティブが
分かる11の

Q&A

自然資本・生物多様性とは何か？

A 「自然資本」とは、森林、土壌、水、大気、動物、植物など、自然界でつくられるあらゆる資源の「ストック」のことだ。ストックとは、経済学においてある時点で蓄えられている財の総量を指す。自然資本から生み出される「フロー」には、食料の供給、水の貯留、気候の調整といった生態系の恵み（生態系サービス）があり、社会経済に便益をもたらす。自然資本は、企業の経営基盤や国民の生活などの社会経済を支える重要な資本として注目されている。

生物は約40億年に及ぶ進化の過程で分化し、生息場所に応じた相互関係を築いてきた。その中ですべての生物の間に違いが生まれた。生態系が有するこのような多様性を「生物多様性」と呼ぶ。生物多様性には、生態系の多様性、種の多様性、遺伝子の多様性の3つのレベルがある。例えば、「生態系の多様性」は、干潟、サンゴ礁、森林、湿原、河川など多様なタイプの生態系が各地域に形成されていることを指す。長い進化の歴史で受け継がれてきた結果として、現在の生物多様性が成立している。

生物多様性が私たち人間に提供する恵みを「生態系サービス」という。生態系サービスには、人間に食料や水を供給する「供給サービス」、気候調整や水源涵養を行う「調整サービス」、教育的恩恵やレクリエーションを提供する「文化的サービス」、光合成や土壌を形成する「基盤サービス」がある。生態系は洪水や干ばつといった自然災害に対する回復力を提供し、炭素循環と水循環、土壌形成といった基礎的プロセスを支えている。

どんな企業も自然資本や生態系サービスに依存し、影響を与えて事業活動を展開している。昨今、企業は財務・非財務の情報を統合した統合報告書を作成する例が増えているが、統合報告書に載せる要件をまとめた国際統合報

告評議会（IIRC）は、企業が価値創造を実現するには６つの資本が必要だとし、財務資本、製造資本、知的資本、人的資本、社会・関係資本、自然資本を挙げている。

　森林が水を浄化したり、海が魚を育んだりする自然の働きを、人間はタダ同然で扱ってきたが、自然の毀損が経済的損失につながることに直面し、自然の価値を再認識して経済システムにも入れていこうという機運が高まっている。

■ 自然資本と生物多様性

ストック
自然資本

生物多様性

フロー
生態系サービスと
非生物的サービス

価値
企業と社会への便益

出所: Integrating biodiversity into natural capital assessments（Capitals Coalitions ほか）

どんな産業も生物多様性・自然に関係するか？

A ネイチャーポジティブ経営というと、農林水産業や食品などのセクターに限定されるのではないかと誤解する企業もあるが、実際はあらゆるセクターの企業が生物多様性・自然資本に依存し、影響を及ぼしている。

例えば水資源はあらゆる企業が使用することで自然に依存しており、排水を通して周囲の生態系に影響を及ぼしている。飲料・食品会社はもちろん、鉄鋼や半導体、アパレルなどのセクターも水を大量に使う。製紙や住宅の企業は、木材を通して森林資源に影響を及ぼしている。自動車や電機電子の企業は、金属資源や鉱物資源を調達して製造しており、そうした資源の大規模な採掘を通して森林や地域の生態系を破壊する危険性もある。また、脱炭素を進めるためバイオマス資源に切り替える際、原材料であるサトウキビやトウモロコシの栽培による農地開発が森林の伐採につながっていないかなども考える必要がある。エネルギーや鉱業のセクターも採掘を通して森林や海洋などに影響を及ぼす。運輸や輸送のセクターであれば、期せずして侵略的外来種を運搬することで生態系に悪影響を及ぼすこともある。例えばコンテナに紛れたヒアリを運搬したり、船のバラスト水で外来生物を運搬したりする。

すべての企業は、事業所の建設を通して地域の生態系を破壊する可能性もある。逆に、事業所の敷地において生物多様性に配慮した緑化を進めたり、ビオトープを整備したり、地域の自然と緑のネットワークをつくったりすることで、生物多様性・自然を増やす効果にも貢献できる。

製品を販売後の消費者の廃棄を通して、例えばプラスチックの包装材が海洋生態系に悪影響を与えることもある。企業は原材料調達から、輸送、製造、販売、消費、廃棄に至るバリューチェーン全体で、生物多様性・自然に依存し、影響を及ぼしていることを認識する必要がある。

■ 企業の生物多様性への依存と影響

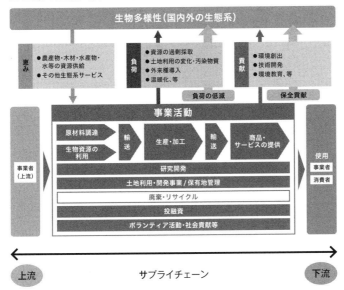

出所：環境省「生物多様性民間参画ガイドライン（第3版）－ネイチャーポジティブ経営に向けて－（案）」

生物多様性の危機的状況は本当か?

Ⓐ　地球上の生物種の数は、3000万種とも1億種ともいわれている。人類がまだ把握していない種もある。そのうち地球上で名前（学名）が付いている生物は213万種。世界で絶滅の恐れのある種を「レッドリスト」として公表している国際自然保護連合（IUCN）によれば、このうち約15万388種を評価したところ、28％に当たる4万2108種が絶滅危惧種であると判断した（2023年3月時点）。

国連が2018年に発表した「生物多様性及び生態系サービスに関する政府間科学－政策プラットフォーム（IPBES）」報告書は、種の絶滅の速度が早まっており、現在、推定約100万種が絶滅の危機にあることを警告した。自然の劣化の原因は人間活動であり、「土地や海域の利用の変化」「生物の直接採取」「気候変動」「汚染」「侵略的外来種」の5つを挙げている。間接的に人口、消費パターンなどの社会文化、経済、技術、制度、ガバナンス、紛争、伝染病も自然劣化の原因となっていると指摘している。

国際連合食糧農業機関（FAO）の調査によれば、世界の森林面積は1990〜2020年の30年間で合計1億7700万ha減少し、天然の水産資源のうち35％は乱獲や過剰漁獲によって持続不可能な状態に陥っている。

個体数の減少も見られる。WWFの「生きている地球指数」によれば、代表的な哺乳類、鳥類、爬虫類、両生類、魚類の3万2000の個体群は1970年から2018年にかけて平均69%減少した。

2010年に名古屋市で開催された生物多様性条約第10回締約国会議（COP10）では、生物多様性の損失を止めるために、2020年までの20個の行動目標「愛知目標」を策定したが、大半が未達成で終わった。生物多様性の損失は企業にとって資源問題になるだけではない。新型コロナ感染症のパ

ンデミックは、森林の重要性を改めて私たちに認識させた。森林は野生生物と人間を隔ててリスクを低減する緩衝材となってきたが、伐採や採取によって野生生物と人間の接触が増え、動物由来の病原菌（人獣共通感染症）が増えている問題を浮き彫りにした。地球の健康と人間の健康は1つであるという「ワンヘルス」の重要性が指摘されるようになった。

■ 生きている地球指数

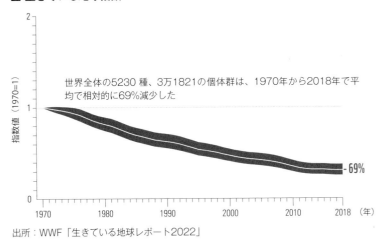

世界全体の5230種、3万1821の個体群は、1970年から2018年で平均で相対的に69%減少した

出所：WWF「生きている地球レポート2022」

■「ワンヘルス」の考え方

出所：生物多様性条約、（世界保健機関（WHO）

自然の毀損は経済的な
損失になるか？

A 　自然の毀損は経済的損失につながる。世界経済フォーラムが2020年に発表した「自然とビジネスの未来」報告書は、世界のGDP（国内総生産）の半分に当たる約44兆ドルが自然に依存しているため、自然の毀損が経済的損失につながることに警鐘を鳴らした。特に「食料・土地利用」「インフラ・建築」「採掘・エネルギー」などの産業が種の絶滅の大きな原因であると指摘。自然を優先する「ネイチャーポジティブ経済」に移行すれば、2030年までに年間で最大10兆ドルの価値と3億9500万人の新規雇用が生まれるという機会の創出も示した。

　英財務省が2021年に発表した「ダスグプタ・レビュー」は、ケンブリッジ大学のパーサ・ダスグプタ教授が生物多様性と経済の関係を分析した報告書。1992〜2014年に世界人口1人当たりの自然資本は40％減少したと試算し、生産と消費の見直しや、金融の意思決定に自然資本の価値を組み込む変革が必要であると指摘した。

　自然や生態系サービスの経済的な価値を算出した有名な報告書には、生物多様性条約第10回締約国会議（COP10）でパバン・スクデフ氏のグループが発表した「生態系と生物多様性の経済学（TEEB)」報告書がある。G8（当時）の支援を受けて進めたプロジェクトで、2000年から2050年にかけて森林の損失に伴う経済的損失を年間1.35兆〜3.1兆ユーロと算出した。マダガスカルの国立公園や、ニューヨークの水質浄化サービスの経済的価値を金額換算した。

出所：ダスグプタ報告書

■ 生態系サービスの経済的価値の例（マダガスカルのマソアラ国立公園の保護森林）

植物による医薬品応用	欧州で抗がん剤などに利用	157万7800ドル
森林による土砂流出抑制	水田や養殖場の護岸が不要	38万ドル
森林の炭素貯蔵	気候変動に伴う影響を抑制	1億511万ドル
レクリエーション	3000人が観光	516万ドル
森林生産物	地元民の建築や織物、薬に利用	427万ドル

出所：TEEB報告書

「生態系と生物多様性の経済学（TEEB）」は、自然や生態系の経済的な価値を見積もった

■ ネイチャーポジティブ経済への移行により機会が創出するセクター

移行手段 ＼ 産業セクター	食料・土地・海洋の利用					インフラ・建設システム						エネルギー・採掘活動			
	生態系の回復と土地・海洋の利用拡大の回避	再生農業	健康で生産性の高い海洋	持続可能な森林経営	地球環境と調和した消費	持続可能なサプライチェーン	都市環境の高密度化	建築デザイン	自然に配慮した都市ユーティリティ	自然のインフラ	ネイチャー・ポジティブな輸送インフラ	循環・省資源モデル	自然に配慮した金属・鉱物資源採取	持続可能な素材サプライチェーン	自然エネルギー転換
製造業															
航空宇宙															
農業・食品・飲料															
自動車															
航空・旅行・観光															
銀行・投資家															
化学製品・先端材料															
エレクトロニクス															
エネルギー・ユーティリティ															
健康・ヘルスケア															
IT・デジタルコミュニケーション															
インフラ・都市整備															
保険・資産管理															
メディア・エンタテインメント・情報															
鉱業・金属															
石油・ガス															
専門サービス															
小売り・消費財・ライフスタイル															
サプライチェーン・輸送															

出所：世界経済フォーラム「自然とビジネスの未来」報告書

■ ネイチャーポジティブ経済に直接関与しているセクター
■ 移行期の主要な活動を潜在的に支援できるセクター

　2020年の世界経済フォーラム「自然とビジネスの未来」報告書は、上記の重要な3つの産業がネイチャーポジティブ経済に移行するための15の手段を示した。それぞれの移行手段が各セクターにもたらすビジネス機会も具体的に示した点が参考になる。

ネイチャーポジティブとは
何なのか？

A　ネイチャーポジティブとは、「生物多様性の損失を止め、反転させること」である。2021年に英国で開催されたG7サミットの首脳コミュニケの附属文書「G7 2030年 自然協約」では、「G7諸国は生物多様性の損失を止め反転させることを使命とし、（中略）ネイチャーポジティブを達成しなければならない」ことが盛り込まれた。また、2022年12月の生物多様性条約第15回締約国会議（COP15）で採択された「昆明・モントリオール生物多様性枠組」には、ネイチャーポジティブという用語こそ盛り込まれなかったが、「2030年までに自然を回復軌道に乗せるために生物多様性の損失を止めて反転させる緊急の行動をとる」という「ネイチャーポジティブ」の考え方が盛り込まれた。

　ネイチャーポジティブは、気候変動の「カーボンニュートラル」と並ぶ生物多様性・自然分野における重要な考えとなっている。

　しかし、厳密な定義はなく、2020年をベースラインとして増やす案や、「生物多様性」ではなく「自然」という言葉を使う例もある。

　2020年に条約事務局が公表した「地球規模生物多様性概況第5版（GBO5）」では、ネイチャーポジティブを目指すためには従来の自然環境保全だけでは足りないとしている。財とサービス、特に食料のより持続可能な生産・消費と廃棄物削減など様々な分野が連携して取り組む必要があると指摘している。

　産業界が主導して「ネイチャーポジティブ経済」を目指す動きが始まっている。世界経済フォーラムはネイチャーポジティブ経済に移行することで2030年までに3億9500万人の雇用創出と年間最大10兆ドルのビジネス機会が見込めるという報告書をまとめた。また、200社以上の経営幹部が参加

する「持続可能な開発のための世界経済人会議（WBCSD）」では、ネイチャーポジティブを進めるためのロードマップを発表している。なかでも、製紙や林業、バイオマスエネルギーなどの森林資源を利用する主要17社は、「森林業界におけるネイチャーポジティブのロードマップ」を独自に作成し、他の業界に先駆けてネイチャーポジティブを提案した。2020年を基準年とし、森林の損失を回避し、低減するとともに、それらを上回る回復と再生に貢献し、変革を伴う行動を行うことをネイチャーポジティブと定義した（詳細は54ページを参照）。

　ネイチャーポジティブを国で推進するため、日本政府は2023年度中に「ネイチャーポジティブ経済戦略」を策定する予定だ。

■ ネイチャーポジティブの実現

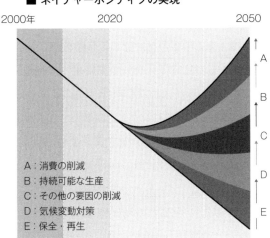

出所：地球規模生物多様性概況第5版（GBO5）

COP15の「昆明・モントリオール生物多様性枠組」とは?

A　国連の生物多様性条約第15回締約国会議(COP15)が2022年12月にカナダのモントリオールで開催された。COP15で採択されたのが、生物多様性の新しい世界的な枠組み「昆明・モントリオール生物多様性枠組」である。同枠組みは2050年のビジョンとゴール、2030年のミッションとターゲット(行動目標)を定めた。最大の特徴は、企業や投資家の役割や行動に焦点を当てたことや、定量的な目標を定めたことだ。

　特に注目すべきは、2030年までの23個の行動目標「昆明・モントリオール2030年目標」である。その中で企業に関する目標をいくつか紹介しよう。

　多くの企業に影響があるのは目標15だ。企業に生物多様性・自然に与える影響やリスクを把握して開示を求めるものだ。「企業が生物多様性へのリスク、依存、影響を定期的にモニタリングし、評価し、情報開示することを奨励する。特にすべての大企業および多国籍企業、金融機関には、サプライチェーンやバリューチェーン、またポートフォリオにわたってその実施を要求する」と定めた。

　この目標により、企業は生物多様性への依存や影響を把握し、リスクと機会を開示することが今後求められるようになる。その開示情報を基に、投資家は企業の自然リスクを評価し、ESG投資に反映する動きが既に始まっている。2023年9月に枠組みが完成するTNFDとも連動する動きだ。

　目標3の「陸域、内水域、海域の30%保全(30by30)」も企業に大いに関係がある。現在、日本では陸の20%、海の13%が保全されているが、これを30%に引き上げる。その際、保護地域だけでなく、企業が管理する緑地や漁業管理地域など民間と連携した自然環境保全地域「OECM」も加えることが認められている。水源の森や都市の緑地なども該当する。国際自然保

■ COP15で採択した生物多様性の枠組み

■ 2050年ビジョン
自然と共生する世界

■ 2050年ゴール

ゴールA
自然生態系の面積が大幅に増加し、絶滅速度と絶滅リスクを10分の1に減らし、遺伝的多様性を維持する

ゴールB
自然を保全し、持続可能に利用する。自然が人間にもたらす価値を評価し、維持し、強化する

ゴールC
遺伝資源の利用から生じる利益を公正かつ衡平に配分する

ゴールD
2050ビジョン達成のため年間7000億ドルの資金不足を徐々に解消する

■ 2030年ミッション
生物多様性を回復軌道に乗せるため、緊急な行動を起こす

■ 2030年ターゲット（昆明・モントリオール2030年目標）

目標1　生物多様性の重要地域の損失をゼロに近づける

目標2　劣化した生態系の30%を再生

目標3　陸域、内水域、海域の重要地域を中心に30%保全

目標4　種と遺伝的多様性の回復・保全のための管理を確保し、野生生物とあつれきを回避

目標5　合法的で持続可能な種の採取、取引、利用と、乱獲の防止

目標6　外来生物の新規侵入や定着を50%減少

目標7　環境への栄養分流出を半減、農薬リスクを半減、プラスチック汚染を削減

目標8　自然に基づく解決策で気候変動の緩和・適応に貢献

目標9　種の持続可能な管理と利用で、脆弱な人々の社会的、環境的な利益を確保

目標10　農業、養殖業、漁業、林業の持続的な管理と生産性やレジリエンスの向上

目標11　大気や水の調節や防災に寄与する自然の恵みを維持・促進

目標12　緑地や親水空間の面積やアクセス、便益の増加

目標13　遺伝資源へのアクセスと利益配分（ABS）を促進する措置の実施

目標14　生物多様性の価値を、政策・規制・計画・開発・会計に統合

目標15　企業や金融機関が生物多様性へのリスク、依存、影響を評価し開示することを求める

目標16　食料廃棄を半減し、過剰消費を減らし、市民の責任ある選択と情報入手を可能にする

目標17　バイオテクノロジーによる悪影響に対処するための能力の強化

目標18　生物多様性に有害な補助金の年間5000億ドルを段階的に削減

目標19　資源（資金）動員を年2000億ドルに増加、途上国向け資金を年300億ドルに増やす

目標20　生物多様性の保全と持続可能な利用のための科学研究の強化

目標21　効果的な管理のため、データ、情報、知識を利用できるようにする

目標22　生物多様性管理の意思決定への先住民、女性、若者の公平な参加と権利尊重

目標23　枠組みの実施におけるジェンダー平等の確保

出所：生物多様性条約事務局の資料から日経ESG作成

COP15に臨むエリザベス・マルマ・ムレマ生物多様性条約事務局長（当時、左の人物）。英イングランド銀行前総裁のマーク・カーニー氏はCOP15会場で、「企業に自然への影響の評価と開示を義務化すべき」と情報開示の重要性を訴えた

写真：藤田香

護連合（IUCN）日本委員会事務局長で日本自然保護協会の道家哲平氏は、「陸では森林の保全ばかり注目されがちだが、淡水域や湿地も重要だ。最終目標に内水域が入ったことは評価できる」と話す。湿地の再生などのグリーンインフラ事業を通して企業はこの目標に貢献できる。

　目標7は「環境への栄養分流出を半減、農薬リスクを半減」だ。農業・食品セクターに影響する。日本は「みどりの食料システム戦略」を2021年に

生物多様性条約締約国会議（COP）

　生物多様性条約は、1992年にブラジル・リオデジャネイロで開かれた国連環境開発会議（地球サミット）の場で、国連気候変動枠組み条約とともに採択された国際条約。2010年に愛知県名古屋市で開催されたCOP10で2020年までの「愛知目標」や、遺伝資源へのアクセスと利益配分（ABS）に関する「名古屋議定書」を採択した。しかし、愛知目標はほとんどが未達成に終わった。企業を巻き込むこと、定量的な目標を盛り込むことを目指してCOP15が開催された。2021年にはCOP15の第1部をオンラインで、2022年にはCOP15の第2部をリアルで開催し、「昆明・モントリオール生物多様性枠組」を採択した。

策定し、肥料や農薬の削減を打ち出している。2030年までの数値目標も発表し、化学肥料使用量を20％減、農薬使用量を10％減としている。アジアモンスーン地域と欧州の乾燥地域では農業における病虫害の発生状況も異なり、数値目標を一律で評価しにくいが、世界目標との整合性や投資家への説明が求められる。

目標13は「遺伝資源およびデジタル配列情報（DSI）に関わる利益配分の促進の措置」である。製薬や育種の分野では、天然資源（遺伝資源）そのものではなく、デジタル塩基配列情報（DSI）を使って企業が製品化する場合がある。その際、製品の利益の一部を資源の所有国である途上国に配分するかどうかが、先進国と途上国の交渉の焦点となった。

「例えばエボラウイルスのワクチンを作るのに、実際のウイルスを途上国から入手することなく、塩基配列情報でワクチンを作る例などがある。塩基配列情報の国際的なデータベースは既に存在しており、研究者は無料で使える。途上国はこれが抜け道になっているとして、DSIに対しても利益配分を求めた」と、国立遺伝学研究所の産学連携・知的財産室の鈴木睦昭室長は解説する。COP15ではDSIに関する利益配分の多国間メカニズムをつくることが決まり、次のCOP16までに作業部会で議論することになった。製薬や育種分野の研究に今後影響を及ぼすだろう。

この他、生物多様性が気候変動や資源循環の課題と同時解決することや、人権配慮も重視された。「自然に基づく解決策（NbS）で気候変動対策に貢献する」（目標8）や、「プラスチック汚染の削減」（目標7）が盛り込まれ、先住民の権利やジェンダー平等などの人権配慮が掲げられた（目標22や23など）。

生物多様性保全に必要な資金は年間7000億ドルが不足していることが、COP15で指摘された。目標19は「有害な補助金を5000億ドル削減し、民間投資やグリーンボンドなどの国内外の資金から2000億ドルを調達する」を掲げている。世界銀行の信託基金「地球環境ファシリティ」の中に、生物多様性保全のための新たな基金を2023年に創設することも決まった。

「30by30」は
なぜ企業にも重要か？

A 「30by30」目標とは、「2030年までに陸域と海域の30％以上を保全する」目標のこと。COP15で採択された昆明・モントリオール2030年目標の1つ（目標3）だ。2021年に英国で開催されたG7サミットでは、世界目標の採択に先んじてG7各国が30by30目標に取り組むことを約束した。これを受け、日本も2022年4月に国内での30by30目標達成に向けた「30by30ロードマップ」を公表した。

現在、世界では陸の17％、海の10％が保全されている。この数字を2030年までにそれぞれ30％に引き上げる。日本では陸の20％、海の13％が保全されており、国内でも30％に引き上げる。30by30目標を達成するには、国立公園や鳥獣保護区などの「保護地域」に加えて、企業が管理する緑地や漁業管理地域など民間と連携した自然環境保全地域もカウントできることが認められている。こうした地域を「OECM」と呼び、「保護地域以外で生物多様性保全に貢献する地域」のことを指す。

生物多様性保全を主目的にしていないものの、結果的に効果的な保全につながっている場所として、社寺林や水源の森、絶滅の恐れのある生き物が生息する里地里山、洪水防止や心身の癒しにつながる都市の緑地などがあり、OECMに該当する。

日本では、OECMを30by30目標達成の柱に位置づけ、まずは民間の所有地などを「自然共生サイト」として認定し、組み込んでいく。また、30by30を目指す有志の企業や自治体、団体の連合「30by30アライアンス」が、2022年4月に環境省の主導で発足した。

発足当時はサントリーホールディングスや清水建設、トヨタ自動車など84社に加え、自治体やNPOなど合計116団体が参加した。2023年3月時点

では340団体に増えている。

清水建設は、グリーンインフラ事業の技術開発として千葉県の谷津田（谷地にある田んぼ）を再生しており、そのOECM認定を目指す。「OECM認定は第三者認定であるため、取り組みが自己満足ではなく生物多様性に貢献していることを証明できる点がよい。アライアンスは当社の生物多様性保全の取り組みを知ってもらえる良い機会だと捉えている」と同社環境経営推進室の橋本純グリーンインフラ推進部長は参加の理由を話す。

国は2022年度にOECM認定の仕組みを試す実証事業を実施し、複数のサイトを自然共生サイトに準じると仮認定した。2023年度から実際の認定を開始し、2023年中に100サイト以上の認定を目指す。

社有林や工場緑地も候補

OECM認定の国際的な基準は国際自然保護連合（IUCN）が定めているが、細かな基準は国ごとに決める。環境省は2022年3月に9つの基準を発表した。

企業が認定を受けやすいのは、3の「二次的な自然がある場所」や4の「生態系サービスを提供する場所」だ。3には人工林や農地、谷津田などが該当する。4は食料や木材などの原材料、水源涵養、炭素固定、防災減災など生態系サービスを提供する場所が該当する。サントリーグループが水源涵養活動を行っている「天然水の森」や、製紙や林業の会社が管理する人工林、開発事業者が管理する都市緑地などが候補になる。社有林や工場の緑地、ビオトープもOECMの候補になり得る。

OECM認定を受けるには9基準の1つ以上を満たせばよい。企業は基準の要件に従って文献や資料とともに申請書を提出し、環境省から認定を得る。認定を受けたOECM地域は国際データベースに登録される。

自然の価値を取引

ネイチャーポジティブを進めることが世界で合意され、企業は今後、自然

関連財務情報開示タスクフォース（TNFD）の枠組みに沿って金融機関に向けた開示が求められるようになる。こうした中、企業にとって緑地や自然再生を行った場所でOECM認定を受けることは、ESG投資を呼び込むアピール材料の１つになる。とりわけ本業のビジネスが国内の生態系サービスに依存している業種ではそうだ。サントリーグループのように水源涵養の森がOECM認定を受ければ、TNFDでも自然の保全とビジネスの成長機会を説明しやすい。また、そこから産出される飲料水はOECM認定を受けた森林で育まれた水であるとしてブランド価値が高まる。

　一方、本業が生態系にあまり依存しない企業や、サプライチェーンとOECMの保全場所が離れている企業は、OECM認定を得ることにインセンティブを感じにくい。

　こうした企業のインセンティブを引き出すため、環境省はOECM認定地の自然の価値を取引する仕組みづくりを検討している。検討会を立ち上げ、認定地の管理を支援する企業などに、その支援を認証する貢献証書の発行を検討している。

　クレジット制度の構築に当たり、環境省は生物多様性の保全効果を測定して見える化する作業にも乗り出す。同省生物多様性センターに蓄積された植生や生き物のデータに研究者のデータを加えて、ビッグデータを整備し、生物多様性の重要度をマッピングした日本地図の作成を始めている。OECM保全活動に伴って生物多様性の重要度が変化することも見える化する。

　環境省OECMの在り方検討会の委員を務める日本政策投資銀行・設備投資研究所エグゼクティブフェローの竹ケ原啓介氏は、「クレジット制度は企業が自然資本を守る短期的なインセンティブになる」と話した上で、「長期的には企業のビジネスモデルを、自然資本をベースに語る時代が来る」と指摘する。「そうなると、企業が管理する未利用資源である森林も、地球の基盤を成す自然資本としてマテリアル（重要課題）に扱われる」と示唆する。将来、OECMに取り組む企業は持続可能だと社会の見方が大きく変わる可能性がある。

サントリーグループは天然水の森で地下水を育む森づくりを実施（左上）。清水建設はグリーンインフラとして谷津田を再生している（右上）。兵庫県豊岡市は環境保全型の農業によって水田の生き物を増やし、コウノトリを野生復帰させた（左）。いずれもOECMの候補になる

写真：サントリーホールディングス（左上）、清水建設（右上）、兵庫県豊岡市（左）

■ 民間と連携した自然環境保全 （OECM）サイトの認定基準

1	重要里地里山や巨樹・巨木林など、公的に認められた生物多様性上重要な場所
2	自然林や自然草原など原生的な生態系がある場所
3	里地里山など二次的な自然がある場所。人工林、農地、ため池、谷津田などの湿地、鎮守の森など
4	食料や資源の提供、水源涵養、炭素固定、防災減災、景観などの生態系サービスを提供する場所
5	地域の伝統文化や行事に活用されている自然資源の場所
6	希少な動植物が生息している場所
7	分布限定種や固有種などが生息している場所
8	動物の繁殖や餌場、移動など生活史にとって重要な場所
9	保護地域に隣接するバッファーゾーンなど

出所：環境省の資料を基に日経ESG作成

■ OECMを推進する仕組み

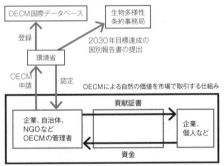

企業がOECM認定地を増やすことにインセンティブを感じてもらうため、環境省はOECM認定地の管理を支援する企業や人に対し、その支援を認証する貢献証書を発行する仕組みを検討している

出所：環境省の資料を基に日経ESG作成

TNFDや自然の情報開示とは何か?

A　TNFDとは「自然関連財務情報開示タスクフォース」のこと。企業（事業会社と金融機関を含む）に対し、ビジネスの自然への依存度や自然に与える影響、そのリスクと機会を評価・管理・報告するための枠組みをつくり、財務情報としての開示を求める。気候関連財務情報開示タスクフォース（TCFD）の自然版とも言える。企業などに自然に関する情報開示を促すことで、世界の金融の流れを自然にとってマイナスからプラスの状態に移行させることを目指す。

　TNFDは、国連開発計画（UNDP）、国連環境計画金融イニシアティブ（UNEP FI）、世界自然保護基金（WWF）、環境NGOグローバルキャノピーが主導して2021年6月に発足した。TNFDの共同議長には、生物多様性条約事務局長（当時）のエリザベス・マルマ・ムレマ氏とロンドン証券取引所データ分析部リーダーだったデビッド・クレイグ氏が就き、生態学者と金融業界が協働で企業の自然の情報開示を目指す大きなプロジェクトとなっている。

　TNFDの枠組みは、TCFDの枠組みと同様に、「ガバナンス」「戦略」「リスク管理」「指標・目標」の4つの柱から成り（その後、「リスク管理」は「リスクと影響の管理」に変更）、科学に基づく目標設定を推奨している。シナリオに基づくリスク開示も検討されている。例えば昆虫の減少で受粉による農業生産高が減るなどの「物理的リスク」や、昆明・モントリオール2030年目標によって事業の変化を強いられるなどの「移行リスク」があり得る。

　TNFDの枠組みは、試作版をつくり、様々な企業や投資家からの意見を踏まえて更新を繰り返して完成させるというオープンイノベーションアプローチを採る。2022年3月に試作第1版、6月に試作第2版、11月に試作第3版、2023年3月に試作第4版を発表した。9月に完成版第1版が発表され

る予定だ。

第1版は自然の概念や4つの柱を提示し、第2版では自然の影響と依存、それらを評価する指標などを発表した。第3版ではリスクと機会を測る指標やシナリオ分析の考え方、トレーサビリティの情報の開示を発表した。第4版で初めて投資家に向けた開示指標を発表した。自然関連データの整備を進め、試作版を使ったパイロットテスト（試験的開示）のフィードバックを踏まえて枠組みを更新している。2023年6月までフィードバックを受け付けている。

企業が自然を把握し、情報開示するのは難しいため、TNFDは「LEAP」という、企業の開示を支援するツールを用意している。その手順に従って、自社の事業と自然との接点を再評価し（Locate）、自然への影響や依存を診断し（Evaluate）、リスクと機会を評価し（Assess）、開示を準備する（Prepare）ことでTNFD開示に対応できるようにしている。企業は自然を経営課題の1つとして認識して自然に配慮した経営を進め、それをTNFDの枠組みに基づいて開示することで資金を呼び込むことができる。

■ 自然関連財務情報開示タスクフォース（TNFD）の概要

目的	世界の資金の流れを「ネイチャーネガティブ」から「ネイチャーポジティブ」に変えるため、企業が自然関連リスクを報告し行動するための枠組みをつくる
原則	市場での有用性、科学に基づくこと、自然関連リスクへの対処、気候と自然の統合、グローバルで包括的、など
設立団体	国連開発計画（UNDP）、国連環境計画金融イニシアティブ（UNEP FI）、世界自然保護基金（WWF）、グローバルキャノピー
共同議長	ロンドン証券取引所データ分析部リーダー　デビッド・クレイグ氏、生物多様性条約事務局長　エリザベス・マルマ・ムレマ氏
メンバー	金融機関、企業、データ・プロバイダーなど約40人
スケジュール	21年6月　　フェーズ0：TNFD正式発足と共同議長の発表 21～22年　フェーズ1：TNFDの枠組みづくり 22年　　　フェーズ2：枠組みを先進国と新興国の市場でテストし、改良 23年　　　フェーズ3：20カ国の金融規制当局、データ作成者、データ利用者と協議 　　　　　　フェーズ4：枠組みの正式発表 　　　　　　フェーズ5：枠組みを普及させるためのガイダンスを実施

出所：TNFDの情報を基に日経ESG作成

■ TNFD枠組みによる自然のリスクと機会

大項目	中項目	小項目（例）
リスク	物理リスク	急性リスク（自然災害など）、慢性リスク（受粉サービスの低下など）
	移行リスク	政策・法務リスク（規制への対応など）、市場リスク（消費者・投資家の嗜好の変化による需給・資金調達の変化など）、技術的リスク、評判リスク（社会や顧客、コミュニティからのブランド価値など）
	システミックリスク	生態系の崩壊リスク、集約されたリスク、金融システム全体に波及するリスク
機会	資源効率の向上	（水やエネルギーといった天然資源の資源効率の向上による機会など）
	市場	（環境負荷の少ない製品・サービスやソリューションの導入による新規市場の開拓の機会など）
	資金調達	（ESG金融を通じた資金調達の容易化による機会など）
	レジリエンス	（事業活動におけるサプライチェーンの強靭化による機会など）
	評判	（ステークホルダーからのレピュテーションによるビジネス機会など）

出所：TNFD の情報を基にした環境省民間参画ガイドライン第3版（案）

　日本総合研究所理事の足達英一郎氏は、「金融機関はTNFD枠組みでの開示情報を活用して、企業が依存する生態系サービスを把握し、その断絶リスクを与信や銘柄判断に盛り込むのに活用できる」と話す。

　なお、TNFDには企業や金融機関など世界から約40人のメンバーが選ばれている。日本からはMS＆ADインシュアランスグループホールディングスの原口真氏と、農林中央金庫の秀島弘高氏が選ばれている。日本におけるTNFDの推進のため、TNFDフォーラムに参加する日本の団体で構成する「TNFDコンサルテーショングループ・ジャパン（TNFD日本協議会）」も2022年6月に設置された。

TNFD、CDP、SBTN、ISSB、東証プライム市場にどんな関係があるか？

Ⓐ　TNFDが企業に求める自然の開示は、企業が既に取り組んでいる開示の枠組みなどと整合したものにするとしている。具体的には、CDPや、自然に関する科学に基づく目標（SBTs for Nature、自然SBTs）の設定手法を開発している団体であるSBTN、国際サステナビリティ基準審議会（ISSB）をナレッジパートナーとしている。それぞれとの関係を見ていこう。

　CDPは、英国の環境NGO「CDP」が運営するプロジェクトで、世界の機関投資家の要請を受けて、企業に「気候変動」「水セキュリティ」「フォレスト」に関する質問書を送り、環境影響の情報開示を促すとともに、その回答結果をA〜Dで格付けするもの。CDPに賛同する機関投資家は2022年に680社以上で、運用資産総額は130兆ドルに上る。回答結果を投資判断に活用している投資家もいる。日本では、2022年から東京証券取引所プライム市場の全上場企業にCDPの回答が拡大された（2022年の質問書の送付企業は1841社）。

　2022年の気候変動質問書には、新たに生物多様性の質問が加わった。また、金融セクター向けには水と森林課題への対応に関する質問が加わった。

TNFDと整合性を持たせる

　生物多様性の質問は6問が加わった。取締役会レベルでの監督、バリューチェーンにおける生物多様性への影響の評価、生物多様性のコミットメントの有無などを尋ねる。コミットメントには生物多様性の損失を実質ゼロにする「ノーネットロス」の誓約などを例示した。2022年は初年度でもあることから、生物多様性の回答はCDPの採点の対象外になった。

　企業からの回答結果を見ると、日本のプライム市場上場企業の回答企業の

うち42.5％が生物多様性の問題に対して経営層の責任があると回答した。グローバル企業の回答では46.1％だったことから、経営層の生物多様性関連問題に対する責任の有無は世界と比較しても日本は同水準であり、気候変動のみならず自然資本に対する課題認識が広がっているとCDPは結論付けている。

　CDP気候変動の質問書はTCFDに準拠しており、既に多くの日本企業が回答している。CDPはTNFDにも整合させることを表明しており、CDPの質問書は今後TCFDとTNFDに準拠する質問になっていくとみられる。

　自然SBTs（SBTs for Nature）は、気候変動分野における「科学に基づく目標（SBTs）」の自然版である。世界経済フォーラムやCDPが設立したネットワーク組織「SBTN（SBTネットワーク）」がSBTsの設定手法を開発している。TNFDの枠組みの4本柱「ガバナンス」「戦略」「リスク管理」「指標と目標」のうち、「目標」の設定手法はSBTNの設定手法と統合されることが示されていることからTNFDとSBTNも深いつながりがある。

　一方、ISSBは、IFRS（国際会計基準）財団によって2021年11月に設立され、気候変動をはじめとするサステナビリティに関する情報開示の国際的な統一基準の策定を目指す団体だ。ISSBが策定を進める「気候関連開示」はTCFDをベースに追加的な開示を求めており、今後その基準はCDPに統合されることが発表されている。COP15の会場で、ISSBのエマニュエル・ファベール議長は、ISSBは気候変動とともに「自然」「人的資本」の開示に取り組むこと、自然についてはTNFDの枠組みをベースに基準を検討することを明言した。このように、それぞれの枠組みは互いに整合するように調整が進んでいる。

■ CDP気候変動2022に新設された生物多様性関係の質問

●生物多様性の質問を追加
- ・生物多様性に関する取締役会レベルの監督
- ・生物多様性に関するコミットメント（誓約）
- ・バリューチェーンで生物多様性に与える影響の評価
- ・コミットメントを実現するための取り組み
- ・取り組みの成果をモニタリングする指標の有無
- ・生物多様性の取り組みの開示

●金融セクターに水と森林の質問を追加
- ・水と森林課題に対するガバナンス、戦略、リスクと機会の管理
- ・水と森林課題がポートフォリオに与える影響
- ・水と森林課題への取り組みの開示

■ CDPの回答結果で生物多様性の取締役会レベルの責任

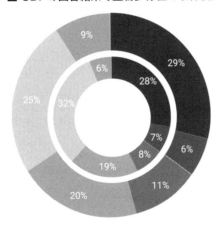

- ■ 取締役会レベルの監督および執行役員レベルの責任の両方
- ■ 取締役会レベルの監督
- ■ 執行役員レベルの責任
- ■ 2年以内に両方設ける予定
- ■ 2年以内に設ける予定なし
- ■ 無回答

注：内円は日本の東証プライム上場企業、外円はグローバル企業

出所：CDP 気候変動レポート 2022: 日本版ダイジェスト版

生物多様性のCOP15会場で、ISSBのエマニュエル・ファベール議長は「ISSBは自然の情報開示に取り組み、TNFDをベースにする」と明言した

写真：藤田香

ESG投融資は
自然に向けられているか?

Ⓐ 　企業のESGの取り組みを評価して投融資する「サステナブル金融」が、株式から、債券、融資へと広がっている。世界のサステナブル投資は2020年に35兆3000億ドルとなり、2016年から55％も伸びた（世界持続可能投資連合GSIA調べ）。世界のサステナブルな債券とローンを合わせた発行額も増加しており、2020年に7320億ドルになった（米ブルームバーグNEF調べ）。金融機関の関心は、脱炭素から生物多様性、人権、ダイバーシティなどへと対象が広がっている。

　特にここ２年で関心が高まっているのが生物多様性・自然の分野だ。仏BNPパリバ・アセットマネジメント、英HSBC、米ブラックロックなどの機関投資家は、生物多様性や自然資本に関する投資方針を続々と表明している。企業に自然の情報開示を求めるTNFDが発足したのも、投資家が後押ししたからである。TNFDのタスクフォースメンバーは金融機関や企業からの40人で構成され、それらの機関の資産運用総額は20兆6000億ドルに上る。

　自然への依存と影響が大きい世界の上位100社に機関投資家が共同エンゲージメントを実施する「ネイチャーアクション100（NA100）」も始まった。NA100を主導する蘭ロベコや仏BNPパリバ、非営利組織セリーズ、気候変動に関する機関投資家グループ（IIGCC）などの担当者が生物多様性のCOP15に集結し、NA100のローンチイベントを開催した。

　COP15会場には金融機関の最高経営責任者（CEO）も参加した。英保険大手アビバのアマンダ・ブランCEOは、新しい生物多様性方針を披露した。2023年末までに投資や保険引き受け時に自然への影響と依存度が大きい分野の優先順位を付け、企業の原材料調達や自然リスクに関する開示について議決権行使を行う方針を示した。

■ サステナブル投資／ESG投資の拡大

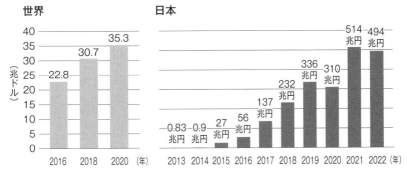

世界

日本

GSIA（左）、日本サステナビリティ投資フォーラム（右）

■ 世界のサステナブルな債券とローンの発行額

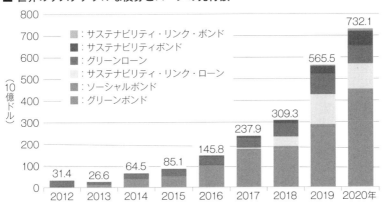

：サステナビリティ・リンク・ボンド
：サステナビリティボンド
：グリーンローン
：サステナビリティ・リンク・ローン
：ソーシャルボンド
：グリーンボンド

出所：ブルームバーグNEF

NA100には117の投資家
が参加し、COP15でお披
露目した
写真：藤田 香

重要なイニシアティブを教えて？

A　自然資本と生物多様性保全の動きを後押しし、主導権を握っているのは国連や欧州だ。

　欧州は生物多様性・自然の分野を気候変動と互いに補完し合う重要なテーマだと早くから捉えてきた。欧州連合（EU）の新成長戦略「グリーンディール」は2050年までに温室効果ガス排出量を実質ゼロにするカーボンニュートラルを打ち出しているが、それを支える戦略として、2020年5月に「生物多様性戦略2030」と「農場から食卓まで（farm to fork）戦略」を発表した。

　前者は企業の意思決定に生物多様性の価値を組み込む基準づくりを進めることや、EUの気候変動対策予算の25％弱を森林などの「生物多様性と自然に基づく解決策」に投資することも定めた。後者の食料の戦略は、企業の土地利用にメスを入れる。食料のサプライチェーンで排出される温室効果ガスは人為起源CO_2の3割を占め、生物多様性への負荷も大きい。同戦略は2030年までに農地の25％を有機農地にし、殺虫剤の使用を50％削減するといった数値目標を盛り込んだ。

　欧州が生物多様性の保全に力を入れる背景には、食料問題や、新型コロナウィルス感染症のような人獣共通感染症など新たな自然のリスクが高まっていることも一因だが、生物多様性と気候変動を一体で対策し、世界をリードすることでサステナブル金融を呼び込みたいという思惑もある。

　EUでは、投資家に取り扱う金融商品がサステナブルかどうかの開示を義務づける「サステナブル金融開示規則（SFDR）」、持続可能な事業かどうかを分類する「EUタクソノミー」の適用が始まっている。EU「企業持続可能性報告指令（CSRD）」に基づいて2024年度から導入が始まるサステナビリティ情報開示は、気候変動だけでなく生物多様性や汚染などの情報開示も求

める。

　さらに、企業が事業活動における人権や環境への悪影響を予防し、是正する義務を課す「企業持続可能性デューデリジェンス指令案」（「人権・環境デューデリジェンス指令案」とも呼ばれる）を2022年に発表した。また、大豆、牛肉、パーム油、木材、カカオ、チョコレート、コーヒーなど森林関連製品が、森林破壊によって生産されたものではないことのデューデリジェンス（リスク評価や緩和）の義務化を求める規則を提出し、2022年にEU理事会が合意している。

　様々な規制や規則を通して、生物多様性・自然に対する取り組みや情報開示が企業や投資家に求められるようになっている。

英国とフランスが引っ張る

　なかでも、欧州を引っ張っているのは、英国とフランスだ。いずれも自らが議長国を務めたG7サミットで、生物多様性・自然関係の宣言をとりまとめた。

　英国は2021年のG7サミットで、G7諸国がネイチャーポジティブにコミット（誓約）する「G7 2030自然協約」を採択した。森林や農地、海洋などの自然資源の利用を持続可能なものへと移行することや、金融界と産業界が自然資本に投資する重要性、30by30の重要性を盛り込んだ。

　G7サミットの数カ月前に、英財務省が生物多様性と経済の関係を分析した英ケンブリッジ大学のダスグプタ教授による報告書「ダスグプタ・レビュー」を発表したのは、G7の自然協約の論拠とする狙いもあったと思われる。英国はパーム油やカカオなどの森林関連製品の森林リスクのデューデリを求める「森林デューデリジェンス法」を議会に提出した。

　フランスは2019年のG7の議長国を務めた。同年、IPBES総会がフランスで開催され、生物多様性の加速度的な減少を推定した数字が発表されたことを受け、G7では「生物多様性憲章」を採択した。

　農業国でもあり、気候変動ではパリ協定という自国の都市名が付いた協定

国連

生物多様性サミット（20年9月）
世界の首脳70人以上がポスト愛知目標に意欲を表明

自然のためのリーダー誓約（20年9月）
70の政府が30年までに自然を回復させるという10原則に誓約

自然資本金融アライアンス（12年6月）
UNEP金融イニシアティブとグローバルキャノピーが事務局となり、2012年の「リオ＋20」の自然資本宣言の署名金融機関を支援。ポートフォリオにおける自然への影響と依存を評価するツール「ENCORE」を開発し提供している

自然関連財務情報開示タスクフォース（TNFD）（21年6月）
自然関連の財務リスクを開示する枠組みをつくる作業がスタート

IPCC/IPBES合同ワークショップ報告書（21年6月）
気候変動対策と生物多様性保全は相互に補完し合うことを指摘

フランス

G7生物多様性憲章とIPBES総会（19年4〜5月）
仏政府が議長国としてG7生物多様性憲章の採択やIPCC自然版「IPBES」総会の開催を主導

ISO/TC331（20年8月）
生物多様性の規格をつくる専門委員会を仏が提案して発足。生物多様性のインパクト評価や進捗を管理する原則や枠組みをつくる

仏企業イニシアティブ「アクト・フォー・ネイチャー」
企業のCEOが生物多様性の目標を定め、順守を誓約。ロレアルやアムンディが誓約

金融界

ネイチャーファイナンス、生物多様性のための金融誓約（19年10月）
金融機関が投融資を通した自然へのインパクト評価をすることを約束するイニシアティブ。元々「生物多様性のための金融誓約」だったが、22年4月に名称を変えた

EU

EU生物多様性戦略2030（20年5月）
30年までに自然を回復軌道に乗せる戦略。気候変動対策のEU予算の25%の大部分を「自然に基づく解決策」に投資する

EU農場から食卓まで戦略（20年5月）
持続可能な食料システムの戦略。30年までに農地の25%を有機農地に転換するなど

EUビジネスと生物多様性プラットフォーム
企業が自然資本への配慮をビジネスに取り入れるイニシアティブ。欧州委員会が設置

サステナブル金融開示規則（SFDR）（21年3月）
投資家に取り扱う金融商品がサステナブルかどうかの開示を義務づける規則。21年3月に適用開始

EUタクソノミー適用開示（20年7月）
持続可能な事業かどうかを分類するルール。生物多様性とエコシステムの保護・再生も含まれる

企業持続可能性報告指令（CSRD）（24年度）
企業にサステナビリティ情報開示を義務づける規則で24年度に導入。気候変動だけでなく生物多様性や汚染などの情報開示も求める

森林破壊防止デューデリジェンス義務化規則（21年11月）
大豆、牛肉、パーム油、木材、カカオ、チョコレート、コーヒーなど森林関連製品が、森林破壊によって開発された農地で生産されていないことのデューデリジェンス義務化を求める規則を提案。22年にEU理事会と議会で合意

英国

G7 2030年自然協約（21年6月）
英国が議長国として、2030年までに自然の損失を反転させ「ネイチャーポジティブ」にすることを宣言し、自然資本への投資が重要だとする。英国が議長国として採択を主導

ダスグプタ報告書（21年2月）
英財務省が生物多様性と経済の関係を分析した報告書を発表。金融の意思決定に自然資本の考え方を導入する変革の必要性を指摘

森林デューデリジェンス法（20年11月）
パーム油、大豆、ココア、ゴムなどの森林関連製品に対し、デューデリジェンスを満たさない製品の使用を規制する法案を議会に提出

産業界

ビジネス・フォアー・ネイチャー（19年7月）
企業の経営幹部が集まり、ネイチャーポジティブを目指すイニシアティブ。2030年までに自然の損失を反転させる政策を政府に求める「Call to Action」（行動呼びかけ）に多くの企業が賛同

資本連合（20年1月）
自然と社会分野への影響などを評価する手順をまとめたプロトコルを開発。TEEB企業連合が自然資本連合になり、社会・人的資本連合と合併して2020年に発足

出所：様々な資料を基に筆者作成

を採択したこともあり、生物多様性でも主導権を握りたいともくろむ。その思いを反映するように、仏政府は国際標準化機構（ISO）に生物多様性の専門委員会TC331の設置を提案。それが認められ、2020年8月に発足したTC331の幹事を担っている。ISOはバリューチェーンを通して生物多様性のインパクト評価や進捗管理を行う原則や枠組みをつくる予定だ。

　産業界や金融業界のイニシアティブも力を持っている。COP15会場ではこうした団体がロビー活動を展開し、決議に大きな影響力を与えた。

　「ビジネス・フォアー・ネイチャー」は、企業の経営幹部が集まり、ネイチャーポジティブを目指すイニシアティブだ。持続可能な世界経済人会議（WBCSD）や世界経済フォーラムが発足を後押しし、米ウォルマートや蘭ユニリーバ、シティ、ラボバンク、損保ジャパンなどが戦略アドバイザーを務める。2023年3月時点で400以上の組織が参加する。行動の呼びかけ「Call to Action」に日本企業も数多く署名している。

　「ネイチャーファイナンス」は、蘭ロベコや農業系銀行ラボバンク、投資銀行ABNアムロの他、りそなアセットマネジメントなどが参加する「生物多様性のための金融誓約」が発展した組織。金融機関のESG方針に生物多様性の基準を盛り込み、企業とエンゲージメントを実施し、投融資の際には生物多様性へのプラスとマイナスのインパクトを評価して開示することを2024年までに実施することを約束した金融機関の集まりだ。

　国連主導の動きもある。「自然資本金融アライアンス」は国連環境計画金融イニシアティブ（UNEP FI）などが立ち上げたもので、2012年にブラジルで開催された「国連持続可能な開発会議（リオ＋20）」で「自然資本宣言」を行った。宣言に参加した金融機関は、報告書に自然資本への配慮を盛り込むことを約束した。日本からは三井住友信託銀行が参加した。同アライアンスは、ポートフォリオにおける自然への影響と依存を評価するツール「ENCORE」を開発し、金融機関に提供している。ENCOREは現在、金融機関のみならず、事業会社も自然への依存や影響を評価するのに幅広く使われるようになっている。

自然を理解し、評価し、開示する動きや、金融の意思決定に自然資本の価値を組み込む動きは、国連、欧州の政府、産業界や金融界の思惑を背景に10数年を経て進んできたものであり、それがCOP15の決議やTNFDへとつながっているのである。

■「G7 2030年自然協約」の主な内容

「2030年自然協約」を採択した2021年
G7サミット
写真：AFP／アフロ

- 2030年までに生物多様性の損失を止めて反転させ、「ネイチャー・ポジティブ」にする
- 「移行」「投資」「保全」「説明責任」を柱に行動
  - 移行：森林減少やプラスチック海洋汚染への対処など、自然資源の持続可能で合法的な利用への移行
  - 投資：自然資本への投資やTNFDに期待
  - 保全：世界の陸地と海洋の30%を保全、OECM活用
  - 説明責任：透明性ある評価基準や指標を使った報告
- 自然と気候を統合した世界的な行動をとる

企業や投資家が大挙したCOP15

　COP15は、従来の生物多様性のCOPと違い、企業関係者や投資家があふれ返った。本会議と並行して「ビジネスデー」「金融デー」と呼ぶ会議が開かれ、企業の経営幹部が多数参加。米ウォルマート、仏ケリング、英BP、スウェーデンH&Mなどが自社の自然資本経営について紹介した。

　金融業界の本気度を示したのは、英イングランド銀行前総裁でグラスゴー金融同盟（GFANZ）のマーク・カーニー共同議長が、国際サステナビリティ基準審議会（ISSB）のエマニュエル・ファベール議長ともに金融デーのシンポジウムに登壇したことだ。カーニー氏は、「森林破壊に対処せずにネットゼロ（温室効果ガス実質ゼロ）への道はなく、ネイチャーポジティブによる解決策を支援せずにネットゼロへの道もない」と、気候変動と生物多様性のシナジーを訴えた。ファベール議長は、ISSBは気候変動とともに自然と人的資本の開示に取り組むことを明言。TNFDの枠組みをベースに基準を検討すると明かした。

　日本からも、西村明宏環境大臣や政府関係者、研究者や環境NGOに

加え、多くの企業や金融機関がCOP15に参加した。経団連自然保護協議会は35人の使節団を派遣（写真1）。キリンホールディングスの溝内良輔執行役員（写真2の右から3人目）は科学サミットでワイン生産のためのブドウ畑の生物多様性の取り組みを発表した。日本政策投資銀行の原田健史常務（写真3の右から2人目）は環境省や海外の金融機関とともにネイチャーポジティブのシンポジウムに登壇した。住友林業の飯塚優子執行役員（写真4の右）は、持続可能な開発のための世界経済人会議（WBCSD）の森林セクターのメンバーとしてネイチャーポジティブのロードマップを発表した。

　会場には若者や女性と意見交換する場や、中国パビリオン（写真5、6、7）、「30by30」を訴えるパネル展示が設けられた（写真8）。ネイチャーポジティブを推進する先進的な金融や企業が一堂に会し、会場のあちこちで熱い議論が繰り広げられた（写真9）

WBCSDが定義するネイチャーポジティブ

　2030年までに自然の損失を止めて増やす方向に転じる「ネイチャーポジティブ」は、カーボンニュートラルと並ぶ経営課題に浮上している。だが、どの年を基準にし、自然をどう測るかなどの明確な定義はまだない。

　そこで産業界が先駆けて定義する動きが出てきた。「持続可能な開発のための世界経済人会議（WBCSD）」はネイチャーポジティブのロードマップを発表。なかでも、製紙や林業、バイオエネルギーなどの森林資源を使う主要17社はネイチャーポジティブの独自のロードマップを作った。2020年を基準年とし、森林の損失を回避し、低減するとともに、それらを上回る回復と再生に貢献し、変革を伴う行動を行うことをネイチャーポジティブと定義した。

　また、経済林の経営から、木材の生産、流通のサプライチェーン全体でどんな取り組みが回避、低減、回復・再生に当たるかを分類した。

　WBCSDの森林セクターの代表、アンジェラ・グラハム・ブラウン氏は、世界の動きが早く産業界側から仕掛けなければと感じたという。「SBTNやTNFDと連携して、森林業界がネイチャーポジティブにいち早く準拠する必要性を感じた」と話す。メンバーの１人、住友林業の飯塚優子執行役員は、「TNFDの開示フレームワークや指標ができる前

に企業が先駆けて提案し、影響力を及ぼしたかった」と意図を話す。

　17社は世界で2000万ha以上の土地を所有・管理し、その98％で森林認証を取得している。24％（480ha）の土地を回復や再生に充てるだけでなく、周辺企業と協力して自社の事業地の周辺の72万5000haの回復にも貢献している、いわば業界のトップリーダー企業だ。

■ ネイチャーポジティブとは

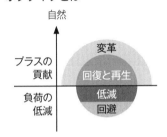

ネイチャーポジティブは、上の円（貢献）を下の円（負荷）より大きくすること。回復と再生は変革によって大きくする

出所：SBTN初期ガイダンスからWBCSDが編集

■ WBCSDが分類した森林業界のネイチャーポジティブの主な取り組み

	経済林の経営	森林製品の生産と加工	森林製品の輸送・使用・廃棄
回復・再生	・生物多様性と炭素価値の高い地域の復元 ・在来種や絶滅危惧種の再導入 ・森林と土壌の炭素吸収最大化 ・野生生物の生息地間ネットワークの回復	・工場敷地と周辺の生態系回復 ・施設跡地の生態系復元	（記載なし）
低減	・森林と苗畑の水使用量と廃棄物、汚染の削減 ・再植林時の生物多様性の確保 ・伐採に伴うCO_2排出と生物多様性劣化の低減 ・密猟、違法伐採の低減	・CO_2排出量と汚染の削減 ・水使用量と汚染の削減 ・廃棄物の削減と再利用	・森林製品の回収、リサイクルの推進 ・輸送に伴うCO_2排出量、水・大気汚染の削減 ・残材や副産物の再利用 ・廃棄物処理に伴う大気・土壌・水質汚濁の低減
回避	・生物多様性価値の高い地域の植林地への転換の回避	・生物多様性や水ストレスの高い地域での新規事業の回避	・生物多様性価値の高い地域への廃棄物管理施設の設置の回避

出所：WBCSD森林セクターの資料から日経ESG作成

TNFDが2023年９月に枠組みを完成させウェブサイトを立ち上げるに当たり、森林のポータルサイトを開設し、投資家に森林のネイチャーポジティブを理解してもらう予定だ。エネルギーや農業・食品業界もポータルサイトを開設するという。企業側から投資家に仕掛けて業界の理解を促し、ESG投資を呼び込む動きが活発化している。

第 **2** 部

キーパーソンの
声を聞く

写真：藤田香

前倒しで取り組まないと世界から取り残される

西澤敬二氏
経団連自然保護協議会会長、損害保険ジャパン会長

——2022年12月にカナダで開催された生物多様性条約第15回締約国会議（COP15）に参加された。経団連加盟企業も多く参加していた。その理由は。

　西澤敬二氏　経団連から18社35人が参加した。通常の国際会議では5～6人なので、約6倍に当たる。日本企業のネイチャーポジティブへの意識が高まっている表れだ。

　これまで日本企業のトップの意識は、ESGの環境分野では気候変動が中心だった。現在は生物多様性の重要性をより意識している。企業は自然資本に依存するとともにインパクトを与えており、生物多様性配慮への責任と期待は大きい。企業トップは自然との共生を図りつつ包摂的な

成長をいかに実現するかについて、正面から向き合って行動しなければ
ならない。

経団連はGX、CE、NPを統合して進める

　経団連は、気候変動と生物多様性が相互に依存していることを踏まえ、
「グリーントランスフォーメーション（GX）」「サーキュラーエコノミー
（CE）」「ネイチャーポジティブ（NP）」の３つの環境課題を統合して取
り組むこととしている。従来はGX、CE、生物多様性・自然は、別々の
責任者の下で取り組んできた。しかし、十倉雅和会長の指示の下、３分
野の責任者が協議し、統合して進めようということになった。気候変動
のCOP27でも、気候変動と生物多様性を統合化する重要性が表明され
た。日本も世界に遅れず進めることが大事だ。

　水使用量の多い企業や林業会社のように生物多様性に直接関係する産
業は既に先進的に取り組んでいる。しかし、生物多様性は裾野が広くて
地域差もあることから、そうではない産業の場合どこから手を付ければ
よいか分らないという意見も多い。そこで、経団連は加盟企業1500社
に対して、「自然を基盤にしたソリューション（NbS）」の活動を促し、
経営トップの行動変革につなげたいと考えている。

**――資源やエネルギー価格の高騰や、原材料の調達リスクが増し、企業
経営は厳しくなっている。気候変動対策に加えて生物多様性保全にまで
手が回らないという企業もある。**

　西澤　企業経営は、短期と中長期の視点に立つことが大事だ。短期的
に見ると企業にダメージが大きく、余裕はなくても、長期的に見ると生
物多様性・自然の問題を解消するのは全企業の責任である。足元の事業
環境が変化しても、企業の進むべき道は変わらない。

　一方、こうした調達リスクは、新しいビジネス機会につながる可能性
もある。中長期的に見れば、GXやCE、NPという地球環境問題を解決す
る追い風になる側面もある。自社の技術やサービスを向上させることで、

地球環境問題とエネルギー・資源の調達の両立を目指すことができる。

グリーンインフラや防災・減災にビジネス機会

——どこにビジネス機会があり得るか。世界経済フォーラムは、ネイチャーポジティブ経済に移行すれば、年間10兆ドルのビジネス機会があると報告している。

　西澤　生物多様性のビジネス機会の1つに、グリーンインフラや生態系を活用した防災・減災（Eco-DRR）があると考えている。私が会長を務める国土交通省のグリーンインフラ官民連携プラットフォームの事例を紹介したい。グリーンインフラは治山治水などの自然環境を活用したインフラ事業だけでなく、オフィス街を緑地化して魅力的な空間にしたり、地方の未利用地を活用して地域経済を振興したり、農業・漁業・林業などの1次産業を活発化したりするなど複合的な機会を創出できる。

　これらを事業として展開する際には、建設業界だけではなく、ITや金融、科学技術など様々な業界が関わる。すそ野の広い大きな事業になる可能性がある。このようにNbSのアプローチが企業に浸透すれば、各企業は新しいビジネス機会を発掘できるだろう。素材を自然資本に依存する業界では、これまで以上に3Rに関する技術や代替素材を開発する技術が求められる。企業トップがグリーンインフラやNbSの視点を持って事業を見つめ直すことで、日本の強みを生かすビジネス機会が生まれる。

　人材開発も期待できる。各地で多くのNPOが素晴らしい取り組みを行っており、彼らと産官学が連携することで、ネイチャーポジティブ人材の育成につながると期待している。経団連自然保護協議会はネイチャーポジティブ関係者のハブ機能となるよう努めたい。

——損保ジャパンの会長として、保険会社がネイチャーポジティブに果たす役割をどう考えるか。

　西澤　損保ジャパンは国連環境計画（UNEP）が主導する「持続可能な保険原則（PSI）」の起草メンバーとして署名している。PSIでは、保

険会社の資産運用や保険引き受け時の生物多様性配慮などを議論するアライアンスを検討している。気候変動では欧州の金融業界がファイナンスを通じた石炭火力に帯するスタンスの変更にいち早く動いたが、いずれ生物多様性でも同様のことが提起される可能性がある。ただ、何を引き受け制限にするのかは相当議論がある。PSIで議論を始める動きが出ている。

損保ジャパンは、生き物がすみやすい環境づくりを行う「SAVE JAPAN」プロジェクトを通じてEco-DRRに取り組み、生物多様性を保全することで防災・減災につなげる活動を実施している。地域のNPOと連携し、干潟を活用して高潮から住民を守ったり、棚田を活用して土砂崩れを防止したりする活動に参画している。生物多様性の観点を踏まえた保険商品の検討も始めている。

――金融機関は企業の自然への取り組みをどのように評価しているか。

西澤　企業を評価する際には、企業単体ではなく、バリューチェーン全体で自然に与える影響を考慮しなければならない。自然環境は地域によって異なることから、地域特性を踏まえた評価が必要になる。自然へのマイナス影響だけに注目するのではなく、企業努力や技術革新といったプラス面も評価することで、企業のネイチャーポジティブの取り組みを支援していかなければならない。

先行する気候変動対策では、金融機関は温室効果ガスの高排出企業への投融資抑制や、イノベーションへの投融資拡大に取り組み、気候変動対策を加速させる重要なドライバーになった。生物多様性でも同様の役割を担い、ネイチャーポジティブのドライバーになることが期待されている。国連や様々なイニシアティブ、NGOから、金融の役割へのプレッシャーが強まっている。

――企業はTNFDなどの情報開示にどのように取り組めばよいか。

西澤　世界の動きは開示の義務化に向かっている。情報開示ルールの世界的なイニシアティブがTNFDである。2023年９月にTNFDの枠組み

が公表されると、企業は開示に対応せざるを得ない。日本企業も今から前倒しで取り組まないと、世界から取り残される危機感がある。

　気候変動ではプライム市場上場企業に気候関連財務情報開示タスクフォース（TCFD）開示が義務化されたように、いずれ日本でも生物多様性分野の情報開示の義務化が検討の狙上に上るだろう。そうすれば企業は取り組まざるを得なくなる。

　ただ、現状ではTNFD枠組みの全容は固まっていないため、多くの企業は手探りで取り組んでいるところだ。定量的な測定方法に頭を悩ませる企業も少なくない。特にグローバルなサプライチェーンを持つ企業は、世界各地の影響を正確に測定することは難しい。最初から完璧な方法を目指すのではなく、試行錯誤しながら取り組むのがよい。その過程で測定方法も進化させる必要がある。

　経団連自然保護協議会は2022年9月からTNFD日本協議会の招集者（コンビーナー）を務め、TNFDの情報発信や普及に取り組んでいる。ぜひ活用してほしい。一部の先進的な日本企業は、既にTNFDのLEAPアプローチに基づいて試行的な開示を実施している。

──2023年に日本でG7が開催される。

　西澤　日本がホスト国となるG7で、生物多様性が大きなテーマの1つになればインパクトがある。COP15会場で様々な団体と対話したが、G7への期待を感じた。デジタルで出遅れた日本が、生物多様性で遅れるのは残念であり、生物多様性の世界潮流を先取りするようなG7の声明や取り組みがあれば素晴らしい。2025年には大阪・関西万博が開催される。こうした世界的な主要イベントで生物多様性が打ち出されると、世界を動かすムーブメントになるのではないか。

鍵を握るのは食料システムの変革

写真：中島正之

ポール・ポールマン氏
国連グローバル・コンパクト副議長、前ユニリーバCEO

——ユニリーバの経営に長年携わり、持続可能な原材料の調達を進めてきた。また、現在副議長を務める国連グローバル・コンパクトは生物多様性を重要なテーマの1つとしている。ずばり、ネイチャーポジティブの達成には何が必要か。

ポール・ポールマン氏　最近インドネシアを訪問した話をしよう。同国政府は森林の回復と自然資源の市場の構築に熱心に取り組んでいる。しかし、森林の回復には資金を投じても、維持管理にはなかなか資金を投じていないのが現状だ。質の高い熱帯雨林や高い資本価値を持つ場所を、高いコストをかけて回復している。森林を伐採し、（材木を販売して）資金を蓄えてから、その資金で森林を回復する。これは奇妙だ。破

壊しないと回復のための資金を確保できないという矛盾した状態になっている。その社会構造をいかに変えるかが重要だ。

衛星などの測定技術に進展

生物多様性の損失を止めるコストと、失われてから復元に費やすコストを比べると、復元のコストの方が大きい。つまり生物多様性の損失を止める行動が重要だ。

気候変動の温室効果ガス排出量の30％は、土地利用に伴う生態系の破壊や、農業による土壌の質の劣化などによる生物多様性の消失が原因とされている。世界中の土壌の50％は質が劣化している。森林破壊の75％は（農地や牧場開拓などの）食料システムに起因していると言われる。家畜が排出するメタンガスも気候変動に加担していることが分かってきた。

食料システムと土地の利用方法は紐付いている。食料システムに取り組むことは、気候変動対策にも生物多様性対策にも大きく寄与する。「自然を基盤にした解決策（NbS）」が不可欠だ。

──自然の重要性を認識する企業は増えているか。

ポールマン　企業も認識を持つようになってきた。理由の1つは、自然の毀損に由来する企業の運営コストの増大を身に染みて感じるようになったからだ。国連グローバル・コンパクトは、陸や海の保全と利用、森林保全、食料問題、不平等、責任ある消費、気候変動などの課題に取り組んでいる。持続可能な開発目標（SDGs）の17の目標はすべて、食料の調達と供給、土地利用に関係している。気候変動問題は「食料」と「土地利用」の2つに取り組まなければ解決できない。それはNbSなしには成し遂げられないことも分かってきた。

良い流れも生まれている。2021年に英グラスゴーで開催された気候変動のCOP26で、「2030年までに森林の消失と土地の劣化を食い止める」という、森林と土地利用に関するグラスゴー首脳宣言が発表され、

140カ国以上の首脳が誓約した。2021年にはメタン排出量の削減を盛り込んだ「国際メタン誓約」が発表され、国連食料システムサミットでは各社から同サミット支持のコミットメントが提出され、食料システムの変革に向けた行動宣言が発表された。2022年にエジプトで開かれたCOP27は「食料COP」と呼べるほど食料問題に焦点を当てた。2023年のCOPも重要なアジェンダとして食料問題を取り上げることが決まっている。

　ウクライナ危機に関係する食料の価格急騰は、もともと食料供給の不安定さや飢餓人口の多さという社会情勢が背景にある。企業はこれまで以上にスピード感を持って大きなスケールでこの問題に取り組むことが必要になっている。

　もう1つの理由は、測定に進展があったことだ。メタンを衛星で測定ようになった。森林伐採の規模も1 m^2の粒度で精緻に把握できるようになった。測定技術が出てきたことが流れを大きく後押しした。生物多様性のCOP15でも、科学に基づく自然に関する目標設定が大きなテーマだった。

マイクロソフト、ウォルマート、ユニリーバが誓約

　企業が具体的に取り組み始めたことも、スピード感をもたらしている。米コカ・コーラと米マイクロソフトは「ウォーターポジティブ」に関するコミットメントを発表した。米ウォルマートは5000万エーカーの土地と100万平方マイルの海洋の保全や再生を2030年までに掲げている。蘭ユニリーバとスイスのネスレは再生農業（環境再生型農業とも呼ぶ）に関するコミットメントを発表した。様々な産業から森林破壊を止める誓約が出ている。生物多様性の動きは気候変動の時よりスピードが早いと感じている。

　取り組みを加速させるには、国際的な数値目標や、枠組みや規制が必要になる。企業は事業活動に関連する生物多様性のデータを測り、開示

することがこれまで以上に求められる。

企業の利益に直結している

——自然の保全はリスク管理にはなるが、ビジネス機会にはつながりにくい。企業は生物多様性に配慮した取り組みで利益を上げていけるか。

ポールマン　行動を起こすコストと起こさないコストを比較すると、行動を起こさないコストの方が大きい場合に企業は動く。そこにビジネス機会を見出す。

持続可能な調達を行うことで気候変動の進行を抑え、自然災害を防止し、質の高い健康的な食料を調達できる。再生農業に取り組めば、土壌の質が回復し、炭素吸収量が増大する。収穫量を増大させ、より栄養素の高い食料を収穫できれば、企業の利益につながり、中長期的にビジネスを持続できる。行動を起こさなければ、2030年までにそうした企業が獲得している利益の30％は損なわれる。取り組みは利益に直結している。

生物多様性の回復は大きな雇用を生む。再生農業は雇用を創出し、長期的に収穫量や生産性も向上する。投資した方が、投資せずに自然災害が起こって対応するコストより安くなる。

世界的に水の確保が難しくなっている中で、「ウォーターポジティブ」に取り組む企業は水へのアクセスを確保でき、ビジネス上、優位に立てる。水を活用するビジネスやサービスを提供して事業化することで、収益の柱にすることも可能だ。

ブラジルの化粧品会社ナチュラ・コスメティクスは、アマゾンの恵みをベースにした自然派化粧品を供給している。生物多様性配慮を機会と捉え、そこを核にビジネス展開している。

NbSで生まれるカーボンも注目だ。自然由来のカーボンは機会だと捉えられる。

消費者の嗜好も変わってきた。より健康的な食品や食生活を嗜好し、

肉に変わるたんぱく源を求めるようになっている。これらはビジネス社会につながる。

EUのグリーンディールは各国の法律にまで落ちてきた。次に大事なのは、政治家がどれだけ行動を起こせるかということだ。企業は政治に働きかけ、政治の動きを速くする責任も負っている。企業の責任や役割は大きい。

——原材料の調達コストの上昇に企業はどう対応すればよいか。

ポールマン ウクライナ危機は単純なコストプレッシャーという話ではなく、1社ではなく業界で考えなければならない問題だ。ウクライナ危機により食品の価格が上昇し、化石燃料を他国に頼る危うさを我々は身に染みて感じた。結局、グリーンエネルギーに早く移行するほどメリットがあり、単純にコストとメリットという計算を超えた思考が必要になる。

グリーンエネルギーは初期投資がかかるが、長期的に安価になる。世界の国々の90%は、化石燃料より再生可能エネルギーの方が安くなると言っている。ボストン・コンサルティング・グループの調査によれば、どんな産業も脱炭素に取り組むことでサプライチェーンのコストを6〜15%削減できる。実現に当たっては技術の進化も必要だ。水素が大きな可能性を秘めているが、水素の値段が下がり、充電や蓄電の技術も進化しなければならない。原材料の持続可能な調達についても、取り組むか取り組まないかではなく、取り組まなければ企業として存続できなくなる。今我々が抱えている問題の8割は既に存在する技術で解決できると言われている。みなが取り組めば価格を下げられる。技術の制約ではない。人々のマインドセットと政治家のリーダーシップが今こそ求められる時代だ。

気候と自然は不可分、資源の安定調達に「スマートな投資」を

写真：藤田香

ドミニク・ウォーレイ氏
持続可能な開発のための世界経済人会議（WBCSD）CEO付シニアアドバイザー、元世界経済フォーラム マネージング・ボードメンバー

——WBCSDはサステナビリティのテーマの中で、生物多様性・自然をどう位置づけているか。ネイチャーポジティブを進める戦略は。

　ドミニク・ウォーレイ　ネイチャーポジティブなしには「ネットゼロ」（脱炭素）の実現は不可能だ。国連によれば、世界の気温上昇を1.5℃に抑えるために必要な温室効果ガス削減量の約30％を、自然が提供できるという。これは自然への投資と密接に関係する。自然への投資とは、農業、森林、海洋への投資のことだ。

　自然と気候変動は相互に関係している。3つ例を挙げよう。1つ目は森林。アマゾンで違法な森林伐採や焼き畑があれば、森林が吸収していた温室効果ガスが排出されてしまう。2つ目が農業。農業は土地を耕し、

肥料や殺虫剤などを使用する。農業によって温室効果ガスも排出される。畜産も炭素発生の大きな原因となる。自然と農業と気候変動は密接に関係している。3つ目が海洋だ。温室効果ガスの約30％は海が吸収している。その海も温暖化している。海に農業用の肥料が流れ出て富栄養化し、海藻が死ぬという現象が起きている地域もある。

　自然に影響を及ぼせば、気候変動にも影響が及ぶ。どちらに重点を置くかではなく、両方に対して対策が必要だということだ。

　我々WBSが重点的に対応しなければならない課題は、「気候変動」「自然」そして「社会の不均衡」だ。

　「自然を基盤とした解決策（NbS）」に投資する必要がある。例えば沿岸地域にマングローブを育てる。コンクリートの壁を造成するより、嵐や洪水に対する保護策として有効なことが分かっている。巨大なコンクリートの壁の造成よりコストが安く、温室効果ガスも吸収する。マングローブが育てば魚も寄ってくるため、沿岸地域に住む貧しい人々の漁業収入が増える。自然への投資はメリットがある。

　企業経営層と話すと、気候変動、自然、社会の課題に対して、先に気候変動に対応し、後で自然に取り組もうという人たちがいる。「そうじゃないんだ。密接に関わっているのですべてを一緒にやらなくてはいけないんだ」と私は主張を続けている。そうすると彼らも、「それはいいな」とソリューションやプロジェクトについて話し合いが進む。

──両立をどのように進めるか。

　ウォーレイ　WBCSDは、自然に関して、「食品・農業」「エネルギー」「建設」の3分野に注力している。企業が自然に及ぼすインパクト全体のうち、約70％がこれら3業種によるものだ。繊維、アパレルも次に大きな分野で10％を占める。

　企業は、事業が自然に与える影響をサプライチェーンの段階ごとに把握してほしい。例えば食品業界では、原料として調達するパーム油は森林破壊につながる。建設業界も、砂利を調達するために地面を掘り、環

境に影響を及ぼす。セメントやコンクリートを製造する加工作業もインパクトがある。インパクトを理解したら、データがあるか検証する。インパクトを評価できるか、もっと情報やデータが必要かを調べる。

　経営層には様々なシナリオに基づいて、コスト増や環境汚染、消費者からの反感、投資の引き揚げなどリスクを考えてもらいたい。事業成長や業績にも関わる重要な戦略だ。

同じ地域で事業する企業は連携を

　WBCSDに参加している企業間で連携すれば対応が効果的になる。同じ地域で原材料の調達や水源を活用する企業が協力することで、共同で地域の環境保全に協力できる。食品・農業、エネルギー、建設の分野の加盟企業が共同でバリューチェーン上にどんなリスクがあるか特定し、シナリオを実行した場合どんな影響が出るかを検討する「ネイチャーポジティブ・ロードマップ」づくりを進めた。ロードマップづくりは、TNFD開示に向けた重要な準備となっている。

——WBCSDは自然資源を活用した気候ソリューションとそのための資金メカニズムも検討してきた。

　ウォーレイ　今後、自然と脱炭素を両立するクレジット（環境価値）創出が重要になる。WBCSDは世界経済フォーラムとともに「自然気候ソリューション（NCS）アライアンス」を発足させた。森林や農地、沿岸生態系の回復など、自然と気候変動の解決と炭素市場への投資を目的としている。NCSはクレジットの品質を高めるガイドラインも発表した。2022年９月には、生物多様性と気候変動の両方を解決する手法をまとめた経営層向けガイドラインを発行した。

——エネルギー・資源の安定確保と、生物多様性など環境配慮の両立が難しくなりつつある。生物多様性配慮が機会創出や資金の呼び込みにつながるのか。

　ウォーレイ　ウクライナ侵攻など社会経済の先行きが不透明な中、サ

プライチェーン上のリスクを避ける投資はいっそう重要になっている。私はこれを「スマート投資」と呼んでいる。例えば原材料調達では、必要な原材料を調達できるよう投資するのがスマート投資だ。

　WBCSDの加盟企業は、こうした状況下でもサステナビリティから撤退しようとしていない。逆にその取り組みを倍増している。地政学的なリスクはマネジメントできないが、サプライチェーンの不透明感を管理することはできる。サプライチェーンの大きなリスクの1つに環境問題があり、投資ができる。

　再度強調するが、ネットゼロは自然がないと実現できない。そのことを理解し、統合した戦略をつくることだ。その重要性を取締役会が理解すべきだ。気候変動だけをみる役員を置いたり、自然だけ、デジタルトランスフォーメーション（DX）だけの役員を据えたりすれば、コアな戦略になりにくい。統合した戦略をつくり、投資することが必要だ。

　自然に投資してリターンが得られるかと聞かれるが、答えは「既に先進企業は動いている」ということだ。英ユニリーバは気候と自然の両方に大きな資金を計上するファンドを持ち、スウェーデンのイケアもファンドを通じて自然に投資している。そうした企業に機関投資家も投資を進めている。

　TNFD開示が始まれば、ESGファンドのマネジャーは自然に明確にコミットし、進捗を開示する企業に注目する。企業が抱えるリスクだけでなく、ビジネス機会をどう捉えているかにも注目するだろう。

　COP15で次期世界目標が採択された。その実行と財源は民間セクターに依存しなければならない。気候変動は非常に大きなビジネス投資とイノベーションにつながった。同じ動きがネイチャーでも起こると信じている。

転換点に
COP15が金融の流れを変える

写真：生物多様性条約事務局

エリザベス・マルマ・ムレマ氏
生物多様性条約事務局長（COP15当時）、TNFD共同議長
＊2023年2月から国連環境計画（UNEP）事務局次長

——2022年12月に開催された生物多様性条約第15回締約国会議（COP15）は過去最大規模の1万8000人が参加したと聞いた。

　エリザベス・マルマ・ムレマ氏　ビジネスや金融関係者が大勢参加した。生物多様性のCOPが始まって以来、最も多い数で、本当に驚くべきことだ。COPの主役は196カ国から成る条約締約国の政府代表団だが、私たちは産業界や金融界、科学者、都市や自治体、市民社会や地域社会、先住民、若者などの代表者も招聘した。

　こうしたステークホルダーと締約国は共に新しい枠組みを作るためにCOP15に臨んだ。2030年までに生物多様性の損失を止め、回復させるための道筋を付ける「昆明・モントリオール生物多様性枠組」に合意し

た。2050年ビジョンとして「自然と共生する世界」を、2030年ミッションとして「生物多様性を回復軌道に乗せるため緊急な行動を起こすこと」を掲げた。

——2020年までの「愛知目標」は多くが未達成のまま終わった。愛知目標と比べて、新しい枠組みによる「昆明・モントリオール2030年目標」はどんな特徴があるか。

　ムレマ　新しい枠組みは過去の枠組みの教訓を生かすものになる。大きな違いは、より明確に「全員参加型」のアプローチをとったことだ。政府や市民社会はもちろん、企業や金融機関、生産者と消費者、農家、教師や学生のためのフレームワークにすることを目指した。包括的で、科学的根拠に基づき、緊急な行動に対処するものだ。企業や金融界に関する重要な言及もいくつか行った。

年間7000億ドルが不足している

　2050年ビジョン「自然と共生する世界」を実現するために４つの「ゴール」を設けた。新しい枠組みの実施には毎年7000億ドル相当の資金が不足している。それを2030年までに埋めることを盛り込んだ。また、2030年ミッション「生物多様性を回復軌道に乗せるため緊急な行動を起こすこと」の実現のために23の行動目標を設けた。生態系や種の保全・再生から、持続可能な利用、利益の衡平な配分に至るまで多様なテーマに焦点を当てた。その一部は定量的な目標だ。

　「関連する公的および民間の活動を、新しい枠組みのゴールや目標に徐々に整合させる」「企業や金融機関の自然関連のリスクや影響を定期的にモニタリング・評価し、開示することを求める」「インパクトファンドなどを通じて生物多様性に投資するよう推奨する」などがある。

　企業や金融機関は、整合、主流化、情報開示、資源動員という４つの側面で既に行動を起こしている。持続不可能な天然資源の利用と人間の圧力による自然の喪失がリスクをもたらし、最終的には経済や社会に対

するシステミックリスクを引き起こすことを認識する必要がある。

　自然関連のリスクや影響を理解する機会は既にある。例えば、「自然関連財務情報開示タスクフォース（TNFD）」が開示の枠組みをつくっている。欧州連合（EU）の金融報告フレームワーク検討機関（EFRAG）や、国連の環境経済統合会計（SEEA）イニシアティブも、依存と影響、リスクや機会を説明し、企業リスクの枠組みに反映させる方法論のガイダンスとツールを提供している。これらに基づいて、企業は方針を定め、バリューチェーンの対策に取り組み、悪影響やリスクを減らし、最終的に「エコロジカルフットプリント」を減らして生物多様性の回復力を向上させる必要がある。

TNFDに前向きな日本企業は心強い

——COP15では自然の開示に関する目標15が争点になった。

　ムレマ　交渉の過程では、目標15の「すべてのビジネスが生物多様性への依存と影響を評価・報告・対処し、悪影響を減らす」ことを「mandatory（義務）」にすべきという意見もあった。企業の公平性や透明性を保つためにもそうしなければならないという意見だ。最終的に「求める」となったが、企業や金融機関は評価や開示に取り組まなければならない。

——TNFD のフレームワークが開発されている。今後、企業活動の非財務情報開示に生物多様性や自然の情報がどのような形で含まれるようになるか。

　ムレマ　私はTNFDの共同議長も務めている。TNFDを通して生物多様性関係の人々と金融界がつながりを持った。TNFDの最終目標は、金融の流れを生物多様性にマイナスの影響を与えるものからプラスの影響を与えるものへと変化させること。この転換のために、TNFDは企業にとって重要な生物多様性関連のリスクと影響を評価して開示するための科学に基づく実践的な枠組みを開発している。

　ある地域における企業の生物多様性への影響を測定することは、必ず

しも容易ではない。しかし、損失や機会を算出する技術的なアプローチも出てきている。生物多様性に関連するリスクと影響を企業がサプライチェーン全体、あるいは金融機関がポートフォリオ全体で測定できる指標が登場してきている。これらの指標は、企業の意思決定を助けるだろう。TNFDの枠組みに透明性があり、それを使った開示が標準的なビジネス慣行になることを願っている。

――日本企業に期待することは何か。

ムレマ　日本は、英国、米国、オーストラリアと並んで、TNFDのプロセスと枠組みに多くの関心を寄せている国の１つだ。また、日本は気候関連財務情報開示タスクフォース（TCFD）とTNFD試作版の両方で報告する企業が存在する最初の国の１つでもある。キリンホールディングスや仏アクサグループなど、初期のパイオニアがTNFD枠組みの試作版を使った開示を報告書などで公表している。さらに多くの企業が枠組みを利用することが予想される。

　日本企業が高い関心を持っていることは非常に心強い。TNFDは各国に協議会をつくっており、最初の６つの協議会の１つが日本で設立された。日本協議会の初回の会合には350人以上の参加者があったと聞いている。タスクフォースのメンバーにも、MS&ADインシュアランス グループ ホールディングスと農林中央金庫から１人ずつ選ばれている。

　官民を問わず、企業や金融機関は生物多様性の保全や再生、持続可能な利用のために投資する必要がある。そのためには、企業は生物多様性を会計帳簿や事業計画の一部にする必要がある。生物多様性の損失は、事業リスクとなり、事業の回復力、事業性、最終的な価値に重大な影響を及ぼす可能性がある。経済活動に依存する金融機関も同様だ。

　経済界全体で取り組まなければならない。多くの企業や金融機関が、政策担当者や公的金融機関の支援を受けて取り組む機運を高めている。私たちの旅は始まったばかりだ。COP15が金融の流れを変える瞬間になったことを願っている。

TNFD開示は
食品、農業、漁業などから

写真：TNFD

デビッド・クレイグ氏
TNFD共同議長、ロンドン証券取引所戦略アドバイザー、
レフィニティブ創業者

——金融機関にとって、企業活動が自然にどれだけ依存し、どんな影響を与えているかを把握することはなぜ重要か。

デビッド・クレイグ 氏　どんな企業も素材や食料など自然に依存して事業活動をしている。しかし、自然に起因する財務リスクを理解していないのが現状だ。

世界経済フォーラムは、自然に関連した経済活動が世界経済全体の50％を占め、自然関連リスクが年間44兆ドルに上ると報告している。昨今、土地利用や森林伐採リスクが高まり、企業活動やサプライチェーンにも影響が出始めた。自然関連リスクの定量化を今すぐ行わなければいけない状況になっている。

そのために、企業に対して自然への依存度と影響を把握して開示を求める「自然関連財務情報開示タスクフォース（TNFD）」が発足した。TNFDは世界の資金の流れを「ネイチャーポジティブ」に貢献できるように変えることで、生態系や自然資本を守る後押しをすることを狙っている。

——生物多様性や自然が大切だという指摘は以前からあった。ここ1〜2年の動きが加速しているのは、何が変わったからか。

　クレイグ　認識は以前からあった。しかし、危機の規模がここまで大きいという認識が新たに出てきた。また、気候変動については、世界はネットゼロに向けたコミットメントを進めているが、「自然」と「気候変動」は独立してバラバラに対応できないという認識が広がってきた。森林がCO_2吸収源となるなど、気候変動のソリューションと自然関連のソリューションは切り離せるものではない。

　金融市場はこれまで気候リスクを評価してきたが、自然に対しても同じアプローチが必要になった。気候変動と自然に包括的に対応しなければならないという認識が金融界で高まっている。

——TNFDによる企業の情報開示は、金融機関にどんな情報を提供してくれるか。

　クレイグ　TNFDは共通の方法で企業が自然のリスクを描写するための枠組みをつくるものだ。気候関連財務情報開示タスクフォース（TCFD）と同様、TNFDも「ガバナンス」「戦略」「リスク管理」「指標・目標」の4つの柱に基づいて開示する（筆者注：2022年11月の試作第3版で「リスク管理」は「リスクと影響の管理」になった）。リスクや影響の測定を盛り込んだ開示の枠組みを2023年9月に完成させる。データプロバイダーと協力しながら、どんなデータを提供したらよいか詳細を詰めていく。

——生物多様性のデータと証券取引所が扱うデータとの整合性をどのようにとるのか。自然のデータは幅広く、地域で状況も異なる。どんな指

標でどのように定量化して測定することが求められるか。情報の公平性
は担保されるか。

　クレイグ　企業活動が自然に及ぼす影響を把握する指標をつくるのは
難しい。水の使用、水の再利用、水管理に関する指標は比較的簡単だが、
土地の利用、農薬肥料の利用に関する指標づくりは容易ではない。
TCFDとの大きな違いは、自然関連リスクは業種で異なり、企業の活動
内容や場所でも異なるということだ。

　そこで我々が検討しているのは、セクターごとに進めるアプローチだ。
まず、３つの重要な業種から始める。「農業」「食品加工」「漁業」だ。
この業種の代表的な企業に参加してもらい、どのような指標や枠組みな
ら適切な測定ができるか議論する。定量的な測定だけでなく、リスクや
方針など定性的な描写も必要だろう。また、サプライヤーの活動による
自然への影響も把握すべきだ。

――漁業が入っているのが興味深い。

　クレイグ　漁業を対象にしたのは、海が生物多様性保全で重要だから
だ。マグロは絶滅の危機に瀕しており、食品サプライチェーンに大きな
影響を及ぼす。この問題は世界経済フォーラムでも議論されている。ま
た、海はCO_2の吸収源でもあり気候変動にも関連する。海水温上昇、酸
性化の問題もある。漁業は日本にも重要なテーマの１つだろう。

　「ネットゼロ」の達成には「大気（CO_2）」「土地」「海」の３つを考え
る必要があり、土地と海はCO_2吸収源になる点で重要だ。

――TNFDの活動の進捗状況や今後の予定を教えてほしい。

　クレイグ　2021年９月にTNFD正式メンバーを発表し、30人を選ん
だ（その後40人に増加した）。金融機関、運用機関、アセットオーナー、
製造業、鉱山会社、農業、漁業の会社などから成る。メンバー選定に当
たって注意したのは地域的な偏りがないことで、南半球やアジアからも
参加してもらった。

　2020年８月から2021年５月にかけて活動した非公式作業部会には多

くの企業や人が関わった。これらの企業にもTNFDフォーラムとして参加してもらう。

　枠組みづくりはマーケット主導型で進める。どのようなデータが存在し、どんな標準化組織と協力すべきか、食品業界ならどんな課題があるか、などを小さなグループで議論して枠組みを決める。

——将来的に、自然の情報は企業のバランスシートにどのように盛り込まれる可能性があるか。アニュアルリポートで生物多様性の記載の仕方を定めるルールができる可能性はあるか。

　クレイグ　今後の取締役会やCEOは自然のリスクを報告する必要があり、アニュアルリポートに定量・定性に関わらず、自然に関する情報開示が必要になるだろう。

　自然のリスクや影響を金額で評価できるかは今後TNFDでも議論したい。例えば、食品サプライチェーンでは自然に起因する食料生産リスクを見積もり、緩和策を講じないならキャッシュフローに影響を与えるリスク要因として計上しないといけない。企業はリスク評価の数値を設定してバランスシートに反映させる必要がある。

第 **3** 部

先進企業のネイチャー
ポジティブ経営を知る

調達、植林、ビッグデータ、開示…
価値創出に、企業が取り組む4つのこと

　長期ビジョンや中期経営計画で「ネイチャーポジティブ」を打ち出し、「自然」を経営の中核に据える企業が増えてきた。商社から食品、情報通信など多岐にわたる。

　キリングループは2020年に発表した2050年までの環境ビジョンで、「事業拡大を通じてネイチャーポジティブを目指す」と発表した。明治グループは2021年に発表した2050年に向けた長期環境ビジョンの基盤に「自然との共生」を据え、そこに気候変動や水資源、汚染防止などの柱を立てた。大成建設は2030年の環境目標に「ネイチャーポジティブへの取り組み推進」を盛り込んだ。

　いずれも自然資本を重視した経営に力を入れてきた企業だが、ネイチャーポジティブを軸に活動をさらに深化させようとしている。ネイチャーポジティブ経営に積極的に取り組む企業の活動を分類すると、大きく4つある。

　第1はサプライチェーンで自然への依存度や影響を把握し、持続可能な調達などを進めてリスク管理する取り組みだ。ウクライナ危機により原材料が高騰し、調達が不安定になる中、調達先を変えたり分散化したりして量や質ともに安定調達することが急務になっている。その際、気候変動対策はもちろん、自然・生物多様性への配慮や人権配慮もあわせて行う企業が増えている。

　企業は原材料調達を通して世界各地の自然に影響を与えているが、自然は水、土壌、海洋と多様な上、場所によっても異なる。それぞれでどんなリスクが潜むかを把握しなければならない。そこで各社はサプライチェーンを厳しく管理し、定量的かつ科学的な指標や目標を定めて、持続可能な調達を進めている。

第2は自然を増やす取り組みだ。大規模植林、里地里山の緑化、湿地や水辺の再生などの活動だ。こうした活動は炭素蓄積量を増やすことにつながることも多く、気候変動対策と生物多様性保全のシナジー効果を生み出すことが期待できる。また、昆明・モントリオール2030年目標の目標3「陸域の30％、海域の30％保全」（30by30）で認められているOECM（保護区以外で生物多様性保全に貢献する地域）の認定を受けることにもつながり、企業にもメリットがある。

　昨今注目を集めている取り組みの1つに、海藻やマングローブなどの海洋生態系を再生してCO_2吸収量（ブルーカーボン）を増やす活動がある。魚介類のすみかを増やし生物多様性増大にも効果をもたらす。気候変動と生物多様性のシナジー効果だけでなく、プラスチック対策を進めることで海洋へのプラスチックの流出を削減し、資源循環と生物多様性のシナジー効果を生む活動もある。

　第3がデータを活用した新しいビジネスの創出だ。生物多様性のデータは、森林や海洋など複数の指標から成る。ビッグデータの収集・管理・活用や、トレーサビリティを確保してサプライチェーンの上流をたどる技術に新しい価値や市場の創出があり得る。

　第4は開示だ。自然関連財務情報開示タスクフォース（TNFD）の開示枠組みが2023年9月に完成する。企業には自然の情報開示が求められ、それが金融機関からの投融資を呼び込むことにつながる。先進的な企業はTNFDの試作版を使って既に試験的な開示を始めている。事業会社ではキリンホールディングスや三菱商事、金融機関ではアセットマネジメントOne、損保ジャパン、MS&ADインシュアランスグループホールディングス、農林中央金庫などだ。しっかりした取り組みがあってこそ開示は可能になる。開示で問われるのは、企業姿勢そのものだ。

　ネイチャーポジティブに向けた取り組みは日々の様々な活動の延長にあり、商品の価値向上や新規事業のヒントになる。4つの分類ごとに、先進企業の取り組みを見ていこう。

■ 日本企業の生物多様性・自然資本への取り組みの例

	ネイチャーポジティブの考え方・進め方	主な取り組み
キリンホールディングス	グループ環境ビジョン2050で「事業拡大を通じてネイチャーポジティブを目指す」ことを打ち出した	・原材料では、紙、パーム油、紅茶葉、大豆、コーヒーについて持続可能な調達の基準と目標を定めている。「午後の紅茶」で使うスリランカの紅茶葉は農家のレインフォレスト・アライアンス認証取得を支援している ・山梨県のワイン用ブドウ畑は、畑で初めてOECM認定相当を取得した ・TNFDの試作版で世界で初めてリスクと機会を開示した ・SBTNの実証プログラムにも参加
サントリーホールディングス	「ウォーターポジティブ」を表明し、水源涵養活動や持続可能な農業への移行を推進	・「天然水の森」で、地下水を育む森づくりを全国1万2000haで展開し、使用量の2倍の水を涵養。ウイスキー作りに使うピート（泥炭）の泥炭地回復活動も進め、2040年までに使用量の2倍のピートを生む泥炭地保全を目指す ・「天然水の森 ひょうご西脇門柳山」がOECM認定相当を取得 ・SBTNの実証プログラムに参加し、優先的に取り組む拠点を洗い出した
明治ホールディングス	2050年に向けた環境ビジョンで「自然との共生」を上位概念に据え、その下に気候変動、水資源、資源循環、汚染防止の活動を位置付けた	・原材料では、紙、パーム油、カカオ、生乳の持続可能な調達方針を定める。パーム油は2022年度中に全24工場でサプライチェーン認証を取得し、2023年度に100%認証油にする ・くまもとこもれびの森がOECM認定相当を取得。SEGESにも認定された ・SBTNの手法を使い、原材料が自然に与える影響を評価。水リスクや気温上昇に伴う将来の原材料収量の変化も予測した
住友林業	2030年までのビジョンの1つに「森と木の価値を最大限生かした脱炭素化とサーキュラーバイオエコノミー」を打ち出し、脱炭素と自然保全をセットで示した	・「森林経営」「持続可能な木材調達」「建築」で脱炭素と自然資源保全に取り組む。28万haの森林を保有・管理し、施業エリアではすべて森林認証を取得し、インドネシアでは熱帯泥炭地を保全している。木材調達では転換材を排除し、持続可能な木材調達100%を打ち出した。建築では認証材を拡大
積水ハウス	2050年に向けたビジョンの1つとして「人と自然の共生社会への先導」を示し、30年に「生物多様性の主流化をリード」すると定めた	・住宅の庭に在来種の木を植える「5本の樹」プロジェクトを20年間展開し、琉球大学の生物多様性に関するビッグデータを用いてネイチャーポジティブに貢献したことを定量的に証明した。木材調達ガイドラインを定め、調達先を定量的に採点。持続可能性に配慮した「フェアウッド」の調達は97%で、2030年までに100%を目指す

OECM：保護区以外で生物多様性保全に貢献する地域、SBTN：Science based targets network、TNFD：自然関連財務情報開示タスクフォース、SEGES：社会・環境貢献緑地評価システム、NDPE：森林破壊ゼロ、泥炭地開発なし、労働搾取なし、REDD：森林減少・劣化に伴う温室効果ガス排出の削減

同業種の企業の取り組みを比較しやすいように業種別に、企業名五十音順にまとめた

出所：各社の資料と取材を基に筆者作成

	ネイチャーポジティブの考え方・進め方	主な取り組み
大成建設	2050年の環境目標の1つに「自然資本への影響を最小化」を据え、2030年に「ネイチャーポジティブへの取り組み推進」「OECMの保全・創出の推進」などを盛り込んだ	生態系をかく乱しない開発「エコロジカル・プランニング」を実施している。代表例が富士山南陵工業団地の森づくり。顧客とともにエコロジカル・プランニングを考える対話型アプリツールを開発し、活用している。2022年4月に制定したサステナブル調達ガイドラインではサプライヤーに「森林破壊ゼロ」を求めた
NEC	2030年に向けたビジョンに、社会課題として生物多様性の損失を認識していると明記した	・ITを活用し、顧客のネイチャーポジティブに貢献する事業を展開中。「CropScope」はAIで営農を支援し、窒素肥料削減や収量向上に貢献する。ブロックチェーンで木材のトレーサビリティを担保する技術も提供中 ・我孫子事業場四ツ池がOECM認定相当を取得 ・TNFDの「データカタリスト」グループ、SBTN実証プログラムに参加
住友化学	2022年から始まった中期経営計画では、生物多様性保全を事業機会として盛り込んだ	・食料増産と生物多様性の両立を重要課題とし、農業資材の機会に着目する。天然資源由来の生物農薬や、不耕起栽培に用いられる除草剤を販売している。生物多様性への影響が少ない微生物剤（活性汚泥法）を利用した工場排水処理技術も提供中
ブリヂストン	生物多様性の「2050年ノーネットロス」を掲げる	ネイチャーポジティブの実現に向けて、「持続可能な資源の利用」「森林破壊防止と森林保全」「水ストレスへの対応」の3つの軸で進める。タイヤの材料であるパラゴムノキの植林で約590万tのCO_2を吸収する。森林破壊に寄与しないことや泥炭地の開発防止などを定めた業界団体GPSNRに加盟し、コミットしている
伊藤忠商事	2022年4月に生物多様性方針を制定し、生物多様性への影響のネットポジティブ化を目指すと明記	2025年までに生物多様性リスクが高い投資案件（水力・鉱山・船舶など）でリスク評価を再び実施し、必要なら改善計画を策定、実行する。森林資源、天然ゴム、パーム油、カカオ豆、コーヒー豆、カツオ・マグロ類などの調達方針を定めている。パーム油は30年までにNDPE原則に基づく調達を目指す
丸紅	2022年開始の中期経営計画で、全事業が自然・生物多様性に依存し、影響を与えていることを認識。2050年ネットゼロには生態系の再生回復が不可欠とする	紙パルプ事業のためインドネシアやオーストラリアで大規模植林を展開。13万haの商業植林と16万haの保護林を管理し、荒廃地に新たに植林して炭素蓄積量を2030年に1900万tに引き上げる。保護林では生物多様性を保全する。農地の環境負荷低減と利用効率向上に貢献する肥料の事業にも力を入れる
INPEX	2050年ネットゼロに向けた重要分野の1つに森林保全・植林を位置付ける。伐採した森の2～10倍の植林を実施し、ネイチャーポジティブの経済に移行する考え	豪LNG（液化天然ガス）プロジェクトで、影響の回避・低減・代償策（生物多様性オフセット）を実施。アブダビの炭鉱事業や直江津のLNG基地では生物多様性モニタリングを継続している。インドネシアでは熱帯林の保全によるCO_2吸収（REDDプラス）を支援する

サプライチェーンのリスク管理、持続可能な調達を

事例編

　サプライチェーン全体で事業活動がどれだけ自然に依存し、影響を与えているかを把握し、影響の大きな事業や原材料を洗い出してリスクの低減を図る。こうしたリスク管理は、ネイチャーポジティブ経営の基本となる。

明治、グループ全体が生態系に与える影響を大きさで示す

　チョコレートやヨーグルト製品などを生産、販売する明治グループは、2021年3月に明治グループ長期環境ビジョン「グリーンエンゲージメント2050」を策定した際、「自然との共生」を責務だとして上位概念に据え、その下に「気候変動」「水資源」「資源循環」「汚染防止」の活動を位置付け、それぞれで定量的な達成目標を示した。明治グループのように原材料が自然資本に依存する食品・飲料業界では、生物多様性に配慮した原材料の調達は死活問題となる。明治ホールディングスのサステナビリティ推進部長を務める松岡伸次・執行役員は、「自然資本が毀損すれば事業を継続できない。自然を含む環境に配慮し、人権侵害のない原料であることを明確化することが大事になっている」と話す。

　カカオ豆や生乳、パーム油など個々の原材料でも持続可能な調達基準と目標値を定めている。例えばチョコレートなどに使用するパーム油は、2021年度に84％までRSPO（持続可能なパーム油のための円卓会議）認証油に切り替えたが、2023年度に100％にする目標を掲げる。

　こうした原材料の持続可能な調達は以前から進めてきたが、ネイチャーポ

明治グループは持続可能な調達を強化している。チョコレートやアイスクリームに使う油脂を認証パーム油に切り替えていく。紙容器にはFSC（森林管理協議会）のロゴマークが見える。カカオや牛乳、人権について調達方針を定めている

ジティブ経営に向けて同社はサプライチェーン全体で事業活動と生物多様性の関わりを改めて明確化する必要性を感じ、自然資本への依存度と影響の把握に乗り出した。将来的に自然関連財務情報開示タスクフォース（TNFD）の枠組みに従う開示が始まれば、気候変動と同様に科学に基づく目標（SBTs）の設定も必要になると考えた。そこで同社は、自然に関する科学に基づく目標（自然SBTs）の設定手法を開発している団体SBTNのガイダンスを活用し、定量的な分析を始めた。

　自然SBTsのガイダンスを参考に、食品や医薬品などのグループ全体の事業が、原材料調達や製造段階などのサプライチェーン全体で土地や水、大気、土壌などの生態系に与える影響の大きさを評価したのが次ページの図だ。食品事業のカカオ豆やパーム油などの土地や土壌への影響が大きいことが改めて分かる。

　自然への依存度も評価した。カカオ豆やパーム油などの原材料は自然に依存し、気候変動の影響を受けて水リスクにもさらされる。そこで原材料の生産地における水リスクを分析し、水リスクや気温上昇に伴う将来の収量の変化も予測した。分析の結果、生乳の2030年、2050年の収量はともに数％の減少にとどまり、飼料の配合変更で対応が可能だと分かった。カカオ豆の収量も減少するが、明治の主要生産地での影響は小さいことも分かった。

　分析結果を踏まえ、明治グループは現在、調達リスクを削減するためのトレーサビリティの確保や認証取得を進めている。「コストはかかるが、ここは譲れない。中期経営計画で予算化し、コストをかけてでも対応していく」

■ 明治グループは事業が自然に与える影響の大きさを分析

セグメント	カテゴリー	土地利用の変化	水資源の利用	気候変動	大気汚染	水質汚染・土壌汚染	廃棄物
食品	製品製造		○	○	○	○	○
医薬品	製品製造		○	○	○	◎ ※6	○
食品	乳	○	◎	◎ ※3	○	◎ ※7	
	カカオ豆	◎ ※1		○	◎ ※5	◎ ※8	
	サトウキビ	◎ ※1	◎ ※2	○	◎ ※5	◎ ※8 ※9	
	パーム油	◎ ※1		◎ ※4	◎ ※5	◎ ※8 ※10	
	大豆	◎ ※1		◎ ※4	◎ ※5	◎ ※8	
医薬品	鶏卵	○	○	○	○	○	
食品・医薬品	木材(紙)	○		○	○	○	○

影響の大きい順に◎と○で示した。要因は、※1：森林から農地への転換、※2：灌漑栽培、※3：メタン発酵、※4：焼き畑による泥炭地火災、※5：焼き畑によるPM2.5発生、※6：工場排水の化学物質、※7：放牧による水質汚染、※8：途上国の毒性・残留性の強い農薬使用、※9：施肥による排水先の水質汚濁、※10：パーム油工場排水による水質汚濁
出所：明治ホールディングス

明治グループは、自社のサプライチェーンが自然に与える影響を評価した食品事業の原材料の負荷が大きいことを確認した

と松岡執行役員は強調する。

キリンは紅茶、紙、大豆の調達の目標値を策定

　ネイチャーポジティブ経営で先頭を走る1社が、キリングループだ。同社は2020年に策定した「グループ環境ビジョン2050」で「事業拡大を通じてネイチャーポジティブを目指す」と明記し、4つの柱に「生物資源」「水資源」「気候変動」「容器包装」を据えた。世界の企業の中でも初めて、TNFDフレームワークを用いた試験的な開示を公表して、産業界を驚かせた（詳細は128ページ）。

　同社の自然資本への対応は早い。2013年に「持続可能な生物資源利用行動計画」を定めた（これまでに2回改訂）。2014年には事業所や原料生産における水リスクを分析し、発表した。対応が早いのは、「食品会社は自然を

守らないと農業が成り立たないことを経験的に知っているからだ」とCSV戦略部の藤原啓一郎シニアアドバイザーは説明する。「灌漑や化学肥料、農薬を使用した農業の収量は頭打ちで、生産効率のこれ以上の向上は難しい。再生農業がいま注目されているのは、自然の力を使った方がよいことを経験的に知っているためだ」と話す。

同社の主要な製品の1つ、「午後の紅茶」を例に取ろう。日本が輸入する紅茶葉の約5割はスリランカ産だが、そのうちの約4割を使用しているのが「午後の紅茶」だ。紅茶葉の農園には環境や人権のリスクがある。キリンは農園の環境配慮や労働・人権配慮を定めたレインフォレスト・アライアンス認証の取得をスリランカの農家に求め、取得のためのトレーニング費用を2013年から助成してきた。

キリンにとって、環境や人権上のリスクを低減するためだけではない。農園では大雨の際に肥沃な土壌が流れ、流出した土砂が川を汚染する。トレーニングを受けた農園は、土壌の流出を防ぐ方法を学ぶことで収量を安定させ、生産効率を上げられる。生産した茶葉はキリンが買い取る。農家にとって認証取得やトレーニングを受けることは、生産性の向上や生活改善にもつながる。キリンにとっては基準を満たした高品質の茶葉の安定調達が可能になるメリットがある。いわばWin-Winの関係があるのだ。

キリングループも、原材料ごとの目標を定めている。紅茶葉は、レインフォレスト・アライアンス認証取得農園の数の増加。紙は、FSC（森林管理協議会）認証紙または古紙の使用比率100%を2020年に達成したが、これを継続し、海外を含めたグループ会社全体に拡大する。大豆では、キリンビールが使用する大豆と加工品において持続可能性の高い農園の大豆を使用し、調達先の農園を特定して持続可能性の確認作業をする。

これらは社内で定めた目標だ。TNFD開示が求められる将来は、より科学的な目標設定や開示が必要になる。そこでキリングループはSBTNのコーポレートエンゲージメントプログラムに2021年3月から参加している。自社で定めた目標とSBTNの手法に沿う目標の2つを整合させるためだ。

キリングループは紅茶葉の多くをスリランカから調達。農家がレインフォレスト・アライアンス認証を取得できるようトレーニング費用を支援している

写真：キリングループ

　SBTNの手法を用いて水ストレス、取水量、生物多様性リスクを測り、自然への依存度や影響が大きい優先地域を３拠点洗い出した。「午後の紅茶」の茶葉を調達するスリランカの紅茶農園、水ストレスが深刻なオーストラリアの工場流域、草原を再生している長野県のワイン用ブドウ畑だ。この３拠点でTNFDの試験的開示も試みた（詳細は128ページ参照）。

花王はトレーサビリティの追求にこだわる

　消費財や化学の企業である花王も、自然に配慮したサプラチェーン管理は高く評価されている。同社は世界の機関投資家が企業の環境対応を評価するプロジェクト「CDP」において、気候変動、水セキュリティ、フォレストのすべてで最高評価の「A」、すなわち「トリプルA」を2020〜22年の３年間連続で獲得した。2022年にトリプルAだった企業は世界で12社しかなく、日本企業では唯一だ。

　花王の主力製品の１つは洗剤であり、界面活性剤にパーム油を使用している。パームの生産地はインドネシアやマレーシアが大半で、パーム農園の開発が熱帯雨林と希少動植物の喪失を引き起こしていると指摘されてきた。そこでパーム油関連企業や環境保護団体が集まって持続可能なパーム油のため

の円卓会議（RSPO)が発足し、環境や人権に配慮した生産基準を定めたRSPO認証制度が2008年から始まっているが、花王は2007年からRSPOに加盟して取り組みを進めてきた。

同社は「事業が自然資本に依存していることを認識し、持続可能な天然資源の調達に取り組む」とし、パーム油、包装材料、おむつに使用する紙・パルプを重要な天然資源と位置づけている。

2014年にはアジア企業で初めて「森林破壊ゼロ」宣言を行い、パーム油や紙・パルプの個別の調達ガイドラインも策定してきた。

パーム油や紙が持続可能であるためにはサプライヤーの協力が欠かせない。サプライヤーの生物多様性や人権配慮をより強化するため、2021年9月に従来のサプライヤー向け調達ガイドラインを改定し、新ガイドライン「調達に関わるサプライチェーンESG推進ガイドライン」を策定した。

新調達ガイドラインは、サプライヤーにも「森林破壊ゼロ、泥炭地開発禁止、搾取禁止（NDPE）」方針を持つことを義務として定め、認証原材料への切り替えを促し、環境・人権配慮の順守状況を第三者監査によって花王が確認することを盛り込んだ。違反がある場合は改善を求め、改善が確認できない場合は取引停止も視野に入れることを伝える強い内容になっている。「従来の調達ガイドラインを体系化し、花王が本気でトレーサビリティを確認することがサプライヤーに伝わる内容にした」と購買部門原料戦略ソーシング部長の山口進可氏は改定の意図を語る。

トレーサビリティの確認は、自然のリスクを低減する鍵を握る。花王は2025年までに農園までのトレーサビリティを100％確認し、パーム油を100％RSPO認証油に切り替える目標を打ち出している。パーム油の場合、搾油工場やパームの大規模農園まではさかのぼれるが、さらに上流の小規模農園は、数も極めて多く、すべて把握するのは難しい。だが、この小規模農園にこそ環境や人権上のリスクが潜んでいる。

花王は搾油工場の約1000件の全リストを緯度、経度とともに把握し、ウェブサイト上に公開している。同時に、グーグルマップ上で搾油工場と保護

■ 花王の持続可能な調達の新しいガイドライン

1次サプライヤーに対して	・環境面はCDPサプライチェーンプログラム活用 ・人権面は質問書（SAQ）やSedexの活用と監査の実施 ・安定調達についてはデジタル技術活用による早期リスク把握
サプライチェーン全体に対して	・トレーサビリティの確保 ・第三者認証品（RSPO、FSCなど）の活用
高いリスクのサプライヤーに対して	・高リスクのサプライヤーの特定と対話を通じたリスク把握 ・（小規模農家支援など）本質的な課題解決に向けた取り組み

■ 花王のパーム油調達における目標

<リスクの把握と改善>
・2025年までに農園までトレーサビリティを100%確認
・2025年までにRSPO認証油に100%切り替える

<本質的な課題解決>
・2021～2030年に「スマイル・プロジェクト」で小規模農家を支援（インドネシアの約5000農家）
・2022年以降、小規模農家を対象に苦情処理メカニズムを導入予定

花王はESGに配慮した新しい調達ガイドラインを策定した。特にリスクの高いサプライヤーを特定し、対話や監査を強化する。Sedex：サプライヤーの倫理的情報を管理するプラットフォーム、RSPO：持続可能なパーム油のための円卓会議、FSC：森林管理協議会
出所：花王の資料を基に日経ESG作成

区を確認できるシステムを導入し、リスクの洗い出しに乗り出した。搾油工場の周辺に小規模農園が分布していることから、マップ上で保護区や森林伐採の痕跡を見つけてリスクを確認している。

　一方、パーム農園には生物多様性のリスクだけでなく、人権侵害のリスクも潜んでいる。とりわけ家族経営の小規模農園では児童労働リスクがある。あわせて解決することが重要だ。そこで並行してインドネシアの小規模パーム農園を支援するプログラム「SMILE」を始めた。児童労働の背景となる貧困問題の解決を目指し、小規模農園の認証取得や生産性向上を支援し、2030年までに約5000の小規模農家を支援する。

　また、人権侵害を受けた人を救済するため、2022年9月から小規模農園の人々がスマートフォンを使って現地の言語で人権侵害を訴えられる仕組み

花王は、インドネシアの小規模農園の認証取得や生産性向上を支援している

出所：花王

を導入した。苦情を第三者機関の事務局を通じて花王に集約し、人権問題の解決に当たる。事業が立脚する自然資本に対し、パーム生産を通じて環境・人権面の配慮をすることで持続可能なサプライチェーンの構築を目指している。

ネスレ、再生農業や「フォレストポジティブ」戦略に舵を切る

コーヒーやチョコレート製品「キットカット」などで有名なスイスの食品大手ネスレは、森林破壊ゼロや持続可能な調達を進めるとともに、さらに一歩進み、再生農業や、森林を増やす「フォレストポジティブ戦略」に取り組んでいる。同社は原材料の作物が育つ生態系の保全は長期的な経営に不可欠だとし、自然の保護はネットゼロ達成にも重要な鍵になると考えている。

カカオやコーヒーは昆虫が受粉する作物だが、近年、花粉媒介者の数が著しく減少していることをサプライチェーンの重大なリスクと捉えている。そこで同社は、カカオやコーヒーの農家と協力し、再生農業（リジェネラティブ農業）を拡大する支援に乗り出した。再生農業とは、不耕起栽培や肥料の使用を抑えるなどして土壌の有機物を増やし、自然環境を回復させる農業の

ネスレは「フォレストポジティブ」を進めている
出所：ネスレ

ことだ。土壌の炭素蓄積量も増える。

「再生農業は生物多様性や土壌の健全性、肥沃度を向上させる。健全な土壌は、気候変動の影響に強く、収穫量も増大するため農家の生活向上に貢献できる。当社は2025年までに原材料調達量の20％を再生農業で賄うことを目指している」（ネスレ本社）。

調達先の農園に2030年までに2億本の樹木を植え、生態系の回復も目指す。ネスレが調達するカカオの主要生産地はコートジボワールやガーナであり、コートジボワールでは重要な森林保護区の保全も支援している。

もう1つ、同社が新たに打ち出したのは「フォレストポジティブ戦略」だ。2010年に森林破壊ゼロ宣言を行い、持続可能な調達を進めるなどして、サプライチェーンの調達リスクを低減してきた結果、2020年末にはネスレの森林関連商品の約9割が「森林破壊フリー」であることを衛星画像の解析などで評価できたという。肉、パーム油、紙パルプ、大豆、砂糖については2022年末までに、ココアとコーヒーについては2025年までに主要なサプライチェーンで森林破壊リスクの排除を宣言しており、2030年までに主要原材料の50％（合計約1400万t）の農家が再生農業を展開できるよう支援している。そこで森林破壊ゼロ戦略からプラスに貢献する活動にかじを切った。2021年6月に「フォレストポジティブ戦略」を打ち出し、森林の再生、自

然生息地の保護、農業コミュニティの支援を行う。

児童労働の排除に1630億円

　ネスレもまた、児童労働の排除に力を注いでいる。同社の調達先であるコートジボワールやガーナでは貧困が原因で児童労働が深刻な社会問題となっている。農家に対してはレインフォレスト・アライアンス認証の取得を支援する「ネスレカカオプラン」を展開し、児童労働リスクのモニタリングや監査を行ってきた。

　しかし、それだけでは不十分だと判断し、2022年1月に人権デューデリジェンスを強化し、児童の就学や生計向上に取り組む農家に経済的インセンティブを与える新プログラムを開始した。2030年までに13億スイスフランを投じる。

　「児童の就学」、収入向上が見込める「生産性の高い農法」、「アグロフォレストリー」、「家畜の飼育など収入源の多様化」の4つの活動を農家に推奨し、1つの活動ごとに農家が成果を上げれば1軒当たり年間100スイスフランの報奨金を払う。4つの活動をすべて行えば報奨金を上乗せし、500スイスフランを払う。農作業の研修や、女性の小規模ビジネスへの融資なども支援する。成果が定着すれば報奨金を引き下げる。

ネスレは環境や人権に配慮したカカオの生産を証明するレインフォレスト・アライアンス（RA）認証の取得を農家に支援する「ネスレカカオプラン」を展開してきた。商品に認証のカエルのマークが見える

ネスレは認証カカオの生産を支援し、児童の就学に取り組む農家に報奨金を支払う
写真：ネスレ（右）、藤田香（左）

2022年からコートジボワールの農家1万軒に導入し、2024年にガーナに拡大、2030年にはすべての農家に広げる計画だ。

カカオの産地までのトレーサビリティの確保も強化する。レインフォレスト・アライアンス認証のカカオと非認証カカオが混合する「マスバランス方式」から、完全に分離して流通管理する「セグリゲーション方式」に約5年かけて切り替える。2023年には新プログラムを導入したセグリゲーション方式の認証カカオを一部のキットカットに使う予定だ。

住友化学、生物農薬で自然への貢献を目指す

リサイクル素材を使うなど資源循環の取り組みや、自然に配慮した商品の展開によってサプライチェーン全体の自然への負荷を減らし、ネイチャーポジティブに貢献する。こうした活動を化学メーカーなどが進める。

住友化学は2022年4月に策定した中期経営計画で、「カーボンニュートラルや生態系保全などの社会的課題に対して、グリーントランスメーション（GX）を進め、事業を通して解決に貢献する」ことを掲げ、生物多様性のワーキンググループを社内に立ち上げた。

自社のビジネスが自然に与えるリスクと機会を探ったところ、カーボンニュートラルや資源循環などの負荷の低減が自然にも貢献できると考えた。しかし、原材料調達が自然に与える影響を把握しようとサプライチェーンを遡ったところ、情報が商社で止まることがあり、最上流までの把握は一筋縄ではいかないと感じた。

一方、プラスへの貢献は、製品技術を通じて自然にポジティブな影響を与える分野だと判断した。ビジネス機会がある分野として3つが上がった。

1つ目は同社の主力製品である農業資材だ。世界人口の増大に伴い、穀物需要は2000〜2050年に倍増し、36億tになると見込まれる。食料増産は生物多様性への負荷を高める。耕地の増大は森林伐採を引き起こすため今後耕地を増大させにくくなる。農薬の規制も強化されている。こうした中、土地拡大を抑えつつ収量増加を図るために、食料増産と生物多様性の両立が重

要になる。

　そこで同社が考えるビジネス機会が、非化学農薬、すなわち天然物由来の生物農薬だ。「化学農薬の市場規模は600億ドルと大きいが、成長率は約2％だ。これに対し天然物由来の生物農薬は70億ドルと小さいが、成長率は10〜15％と高く、今後市場の伸びが期待される」とサステナビリティ推進部主席部員の高崎良久氏は話す。

　もう1つの機会は不耕起栽培にも用いられる除草剤だ。炭素隔離や土壌有機物の保全の観点から、不耕起栽培が普及しつつあり、同社も除草剤を拡販している。再生農業の拡大とともに市場が大きくなる可能性がある。

　3つ目は、工場排水処理技術だ。通常の水処理技術はエネルギー使用量が大きく、余剰汚泥の焼却で温室効果ガスが発生する。最適な微生物剤（活性汚泥法）を利用することで、汚泥量や温室効果ガスを削減でき、水の持続可能な利用に貢献できる。まずは住友化学の自社工場の排水浄化から取り組む予定だ。

　住友化学の売上高3兆円のうち、健康・農業分野が占めるのは約2割。その中で、生物由来農薬や、除草剤、微生物剤は20％以下だ。現時点ではまだ小さな市場だが、今後この分野を伸ばすことがネイチャーポジティブへの貢献につながると見ている。

ブリヂストン、資源循環で自然への負荷低減

　ブリヂストンは、従来から進めてきた生物多様性や資源循環への取り組みを組み合わせることでネイチャーポジティブ経営を進める。

　同社は以前から、生物多様性の目標として、「2030年までに環境影響を減らすこと」「2050年までに生物多様性のノーネットロス」を掲げてきた。ノーネットロスとは、生物多様性に与える影響を小さくし、貢献度を大きくして、実質的に生物多様性への損失をゼロにする取り組みだ。

　2030年までの負荷低減は、原材料の持続可能な調達や、水ストレス地域でのリスク管理などによって進める。2050年のノーネットロスは、CO_2排

■ ブリヂストンが進める生物多様性のノーネットロス

生物多様性ノーネットロス
（貢献＞影響）

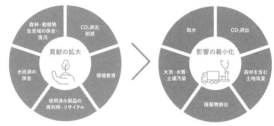

出所：ブリヂストンの資料

出量の削減や、取引先への生物多様性配慮の要請、廃棄物発生量の削減などで生物多様性への影響を最小化し、CO_2削減に貢献するソリューションビジネスや、事業所周辺の生態系の保全・復元などで貢献度を拡大して実現する計画だ。

　原材料の持続可能な調達を進めるため、持続可能な調達方針を2022年3月に改定し、森林破壊の禁止や泥炭地開発の禁止などの環境配慮と、人権配慮の基準を盛り込んだ。

　一方、資源循環でも以前から目標を掲げてきた。「2030年までに再生資源を40％にする」「2050年までに100％サステナブル・マテリアル化」という目標だ。サステナブル・マテリアル化は、資源のリサイクルや資源利用効率の向上、再生可能な資源の利用の拡大などで進める。例えば、すり減ったタイヤの表面を張り替えて残った部材を再利用する「リトレッドタイヤ」の普及なども行う。

　こうした考えの下、2022年3月には2050年にサステナブル・ソリューション・カンパニーに進化するため、エネルギーやエコロジーなど8つのEを促進する「E8コミットメント」を発表した。その中の1つ、エコロジーの中に生物多様性も位置づけ、生物多様性や資源循環の活動を深化させてネイチャーポジティブを実現していく構えだ。

天然ゴムのリスクに対処、代替材料へのシフトも

　同社が利用する原材料のうち、自然への影響が大きなものとして天然ゴムがある。タイヤの原料の約3割を占める天然ゴムは強度が高いことから合成ゴムでは代替できない主要原料となっている。しかし、自動車の台数の増加によって天然ゴムの需要が拡大してゴム農園が広がり、熱帯雨林の伐採につながりかねない。主要生産地のタイやインドネシアでは森林が減少しており、紙パルプやパーム油に続くリスクとして指摘されている。

　ブリヂストンはリベリアとインドネシアに自社の天然ゴム農園を保有し、パラゴムノキを栽培している。収量拡大を図り、天然ゴム農園を持続的に運営することで約590万tのCO_2の維持に貢献している。この他、小規模農家600万人からも天然ゴムを調達している。サプライヤーに対しては森林破壊ゼロの方針を守ることを要請し、2022年末までに30％のトレーサビリティ確保を目標に進めてきた。

　天然ゴムの自然リスクに対処するため、業界を挙げての連携も始まった。タイヤメーカーや自動車メーカー、商社、ゴム生産農家などが集まり、持続可能な天然ゴムのための国際基準づくりを目指す「持続可能な天然ゴムのためのグローバルプラットフォーム（GPSNR）」が2018年に発足した。GPSNR

自動車レースに登場したグアユールを使ったタイヤ
出所：ブリヂストン

では森林破壊に寄与しないこと、泥炭地の開発防止、生態系・森林の保護・回復の支援、農薬による水質汚染の防止、土壌の保護、野生生物の保護の支援を求める。ブリヂストンも設立時から参加し、リスク低減に業界を上げて取り組む。

　一方、代替材料への転換も検討を始めた。現在の天然ゴムはパラゴムノキから生産され、産地が東南アジアに集中している。生産地が一極集中し、病害リスクや栽培面積の拡大に伴う熱帯雨林の減少が課題になっている。この課題を解決するため代替材料を研究し、自然リスクの分散を模索してきた。その結果、ブリヂストンはグアユールという植物を用いた天然ゴムを使ったタイヤを2015年に開発した。グアユールは米南西部やメキシコ北部の乾燥地帯が原産の低木で、ゴム成分を含む。米アリゾナ州の農場で栽培し、ゴムの抽出精製からタイヤにするまで自社で手掛けている。

　グアユールは干ばつ耐性が高い植物で、綿などの植物に対して約半分の水で栽培できることから、米国の栽培地では地元農家と協力して水不足の深刻化で不作だった農地をグアユール収穫用に転換する取り組みに地元も協力している。2022年にはグアユールのレースタイヤが自動車レースにデビューした。2026年に実用化し、2030年に本格生産・事業化を目指す。

　持続可能な調達だけでなく、資源の効率的な利用やリサイクル、代替材料の開発も自然への影響を減らし、ネイチャーポジティブに貢献できる取り組みである。

第2の取り組み

自然を増やす、大規模植林や 30by30への挑戦始まる

全体動向

　大規模植林や森林・自然再生ファンドによって、自然を増やす活動がにわかに活発化してきた。陸では森林や湿地、海洋では藻場やマングローブを再生・回復させる。温室効果ガス吸収量の増加と生物多様性向上のシナジー効果を生み出せるメリットがある。

　植林や自然再生といえば、ひと昔前は社会貢献活動として実施する企業が少なくなかった。しかし最近始まった大規模植林や自然再生活動は、経済的なリターンや社会的インパクトを得ることも狙っている。取り組み方は複数ある。森林再生によってCO_2吸収量のクレジットを得る方法、自然再生ファンドの運用で経済的リターンを得る方法、所有地や里山里地の緑化・再生で「30by30」のOECM認定を得る方法などがある。

　海洋ではJブルークレジット制度が始まり、海洋生態系を再生して吸収したCO_2を「クレジット」として売買できるようになった。CO_2吸収量に加え、特記事項として生物多様性の向上を記載した証書は、通常より高い価格で販売できた例もある。気候変動対策と生物多様性保全の両立を経済的なリターンに結び付けた1例と言えるだろう。各社の取り組みと狙いを見ていこう。

アップルが2億ドルの森林再生ファンド

　米アップルは2021年4月、総額2億ドルの「自然再生ファンド」を立ち上げた。森林に投資し、生物多様性向上とCO_2吸収量の増加で、カーボンニュートラルとネイチャーポジティブを両立させることが狙いだ。

　同社は2018年4月、世界43カ国の拠点の電力を100％再生可能エネルギーで賄うことに成功。アップルに部品を納入するサプライヤーにも再エネ100％を求め、バリューチェーン全体で2030年までにカーボンニュートラルを実現すると宣言した。しかし、再エネや製造工程の見直しなどで同社が直接削減できるCO_2排出は75％にとどまる。残りの25％は森林保全活動などで森が吸収するCO_2を増大させ、「クレジット」を利用して相殺する意向だ。

　とはいえ、温暖化対策のためだけの森林保全活動は生物多様性向上につながらないこともある。例えば単一樹種の植林は生物多様性を低下させる。アップルは、生物多様性の向上とともに財務的リターンも得るため、生物多様性保全で実績のある環境NGO「コンサベーション・インターナショナル」（CI）と、米ゴールドマン・サックスと組み、今回の自然再生ファンドを立ち上げた。

　CIはファンドが支援する森林の基準を作成し、地域も選定する。気候変動対策と生物多様性保全、地域社会の問題解決を包括的に対策する森に付与される国際認証の基準「気候・地域社会・生物多様性（CCB）スタンダード」を活用すると見られる。ゴールドマン・サックスはリターンを確保できるようにファンドを運用する。生産材やクレジットの収益を得るとみられる。

　アップルは以前から、社会貢献活動としてCIと共に世界各地で森林や草地などの大規模な生態系保全活動を行ってきた。そうした地域も今回のファンドの候補地になり得る。その1つがケニアを拠点に持続可能な分散型林業に取り組む企業コマザだ。コロンビアでは、2万7000エーカーのマングローブ林の保護・回復活動を展開し、100万tのCO_2吸収を目指している。

写真（左）：ウィル・
スワンソン氏
写真（下）：アップル

米アップルは森林再生に約220億円を投資し、生物多様性保全と温室効果ガス削減を狙う。写真は小規模な分散型林業に取り組むケニアの企業コマザの森林プロジェクト。アップルはまた、製品のパッケージに持続可能な紙を使用している

　前CIジャパン代表理事の日比保史氏は、「森林が健全なほどCO$_2$削減効果は高い。コスト面でも、自然を活用する方がCO$_2$回収貯留（CCS）より有効な削減方法だ」と話す。

　アップル製品のパッケージは大半が紙であり、森林資源に依存している。持続可能に調達された木材繊維を100％使用し、いずれリサイクル素材か再生可能素材だけでパッケージを製造する方針だ。アップルはIT機器の企業だが、森林資源も活用し、その増大や回復を通してネイチャーポジティブへの寄与を狙う。

ケリング、100万haを再生農業に移行

　グッチなどの高級ブランドを抱え、2020年の売上高が131億ユーロのブランド大手、仏ケリングは、以前から生物多様性をESG経営の重要な柱と捉えてきた。原材料調達の基準を設け、事業による生物多様性への影響を回避・削減するとともに、2025年までにグループのサプライチェーンを通して100万haの自然を再生し、100万haの重要な生息地を保護するというコミ

ットメントを発表した。

ケリングは2021年1月、再生農業に助成する自然再生ファンドをCIと共同で立ち上げた。コットンやカシミア、レザーの原料生産地でリジェネラティブ農業を支援し、CO$_2$を固定し、生物多様性を向上させる。

今回立ち上げた自然再生ファンドは、ファッションのサプライチェーンで原料を生産する100万haの農場を、5年間でリジェネラティブ農法に移行させるもの。気候や自然に大きな影響を与える現在の農法から、自然を回復し、気候変動を緩和する再生農法に移行するプログラムに助成する。第1期助成を行う団体として、モンゴルやアルゼンチンの7団体を2021年9月に発表した。7プロジェクトは84万haに及び、再生可能な農地に転換することで最終的に約6万人の雇用に関与するという。

ケリングは、「2025年までに生物多様性に『ネット・ポジティブ』なインパクトを与える」という目標を掲げている。そのために原材料調達において土地に与える環境インパクトの約6倍の面積を再生・保全する計画だ。今回のファンドによって目標達成を目指す。

こうした活動を始めた背景には、同社が2012年から開示している「環境損益計算（EP&L）」、すなわち自然資本会計を使った分析がある（131ページを参照）。サプライチェーン全体で、大気汚染、温室効果ガス、水使用、土地利用などに与える環境インパクトを測定し、金額に換算して公表してきた。

この環境損益計算を通じて、ケリングは自社グループが自然に与える影響を分析したところ、「最大の影響は温室効果ガスでグループ全体のEP&Lの35％（2020年の場合）。次が土地利用の変化で同31％とこの2つの分野で発生していることが分かった。2025年までにグループ全体で生物多様性にプラスの影響を与えるという目標を実現するために、サプライチェーン全体が与える環境フットプリントの6倍程度に当たる面積を再生・保全することにした」（ケリング本社）。取り組みを定量的に測定することや、原材料を調達している農場や地域社会にポジティブな結果を生み出すことがネイチャーポジティブ経営には重要だと考えている。

住友林業、1000億円規模の「森林ファンド」計画

　住友林業は、「森林経営」「持続可能な木材調達」「建築」の３つの分野で脱炭素と自然資源保全に取り組んでいる。同社は2030年までの長期ビジョン「ミッションツリーイング2030」の中で、４つの方針の１つに「森と木の価値を最大限生かした脱炭素化とサーキュラーバイオエコノミー」を掲げており、脱炭素と自然資源の保全をセットで取り組む方針を打ち出している。これを３分野で実現する。

　森林経営では、世界で28万haの森林を保有・管理し、施業エリアでは森林認証を100％取得して生物多様性に配慮している。中でもインドネシアの植林地では、熱帯泥炭地の水位を管理して乾燥を防ぐことで、泥炭地の火災によって炭素が排出しないような配慮をしている。自社の事業と、他社による近隣の事業の森林を緑の回廊でつなぐことでも生物多様性を保全している。川の流域では生き物の調査を実施し、観測データを収集中だ。同社サステナビリティ推進部長の飯塚優子・執行役員は、「科学データを蓄積することで、将来的にネイチャーポジティブを証明できるようにし、TNFDでも開示したい」と話す。

　2030年には保有・管理する森林を約50万haに拡大する予定であり、1000億円規模の「森林ファンド」の設立を計画中だ。炭素クレジットの創出を狙い、森林の管理によって生物多様性保全と気候変動対策を両輪で進める意向だ。

　2023年２月には、IHIと合併会社を設立し、住友林業の熱帯泥炭地管理技術とIHIの人工衛星技術を活用した観測技術を組み合わせて、自然資本の価値や、森林や土壌の炭素吸収の価値を評価する手法を開発し、熱帯泥炭地を管理するコンサルティングを開始した。

　森林経営と合わせて、持続可能な木材調達も進める。同社は持続可能な木材を「認証材」「持続可能な森林経営の植林木」「天然林からの択伐」「農地からの転換材を排除」と規定しており、2021年度末までに持続可能な木材

住友林業はインドネシアで熱帯泥炭地の調査を実施し、そのデータに基づいた泥炭地管理を行いながら大規模植林事業を展開している

写真：住友林業

調達を100％にする目標を掲げてきた。満たせない契約先には認証材に切り替えてもらい、改善がみられない契約先は契約を打ち切るなどの対策で、達成した。

　建築分野では、国産材の活用によって国内の森林を整備し、生物多様性向上に寄与する。日本の木材自給率は41％と低く、この課題を解決するため、国産材の利用促進を図る必要がある。国産材を活用しやすくするため、製材工場や、木質バイオマス発電所、港湾施設など木材産業に必要な機能を集約した「木材コンビナート」を整備中だ。第1弾として鹿児島県志布志市に木材加工工場と木質バイオマス発電所を建設しており、2025年の操業開始を目指す。住友林業は住宅の主要構造材を100％認証材にする目標を掲げ、取引先にCoC（管理・加工）認証の取得を依頼することで、サプライチェーン全体を自然に配慮した構造に変えていく意向だ。

商社やエネルギー会社が乗り出した大規模緑化

　商社やエネルギー会社も大規模な森林事業に乗り出した。

　丸紅は、商社としてすべての事業が自然・生物多様性に依存し影響を与えていることを認識している。2022年2月に始まった中期経営計画では、2050年のネットゼロ達成に生態系の再生回復が不可欠だとして、全事業で生物多様性に取り組む方針を打ち出した。

生物多様性と気候変動の両立という点で力を入れている事業の1つが大規模な森林事業だ。同社は紙パルプ事業のため、インドネシアやオーストラリアで大規模植林を展開している。13万haの商業植林と16万haの保護林の合計29万haを管理するとともに、荒廃地にも新たに植林して炭素蓄積量を2030年に1900万tに引き上げる予定だ。保護林では生物多様性を保全し、商業植林では土壌劣化の影響に配慮した上で単位面積当たりの炭素吸収量を高める手入れをしている。森林事業以外で生物多様性配慮に貢献できる事業として、丸紅は肥料の事業と陸上養殖事業にも注力する。肥料は農地の環境負荷低減と利用効率向上に寄与できる。陸上養殖は天然水産資源減少への対策として取り組む。

　石油開発大手のINPEXは、資源開発よって伐採した森林の2〜10倍の植林を行い、プラスの影響を創出する「ネット・ポジティブ」を打ち出している。2050年ネットゼロを達成するために注力する5分野の1つに、森林保全・植林プロジェクトを位置づけている。森林保全によってCO$_2$吸収量の増大や、生物多様性や水源の保全、土壌浸食の低減、地域住民の生計向上などを目指している。

　同社は国際金属・鉱業評議会（ICMM）に加盟しており、「ミチゲーション・ヒエラルキー」という考え方に基づき、資源開発に伴う生物多様性への損失を実質ゼロにする「ノーネットロス」を目指すことを誓約している。ミチゲーション・ヒエラルキーとは、生物多様性への影響を回避し、低減し、避けられない場合は採掘後に復元するなどして代償策（生物多様性オフセット）を取るという考え方だ。

　例えば、500haに及ぶ豪LNG（液化天然ガス）のプロジェクトでは生物多様性オフセットを実施した。アブダビの炭鉱事業では渡り鳥のモニタリングを行い、立ち入り禁止区域を設けている。直江津のLNG基地では海水や海生生物のモニタリングを実施し、生物多様性への影響を確認している。インドネシアでは熱帯林の保全によるCO$_2$吸収「REDD（森林減少・劣化に伴う温室効果ガス排出の削減）プラス」を支援している。

丸紅はインドネシアやオーストラリアで商業植林と保護林の約
30万haを管理し、紙パルプ事業を展開している。荒廃地に植林
して炭素蓄積量を確保し、保護林では生物多様性を保全する
写真：丸紅

サントリーはウォーターポジティブでOECM認定

　国内の自然を保全、再生、回復してOECMの認定を目指す企業も増えている。サントリーホールディングスは、主力製品「サントリー天然水」の水を得るため、全国21カ所、総面積１万2000haの「天然水の森」において地下水を育む森づくりを展開してきた。水源を涵養し、生物多様性に富む森にするためには腐葉土が鍵を握る。専門家、水科学研究所、森林組合などと協力し、国や自治体と30〜50年の協定を結んで地域に合った森づくりを進めてきた。

　世界的なネイチャーポジティブの動向を踏まえ、2022年４月にグループ環境基本方針を改定し、水や農作物に依存する企業として水源や原料産地などの生態系を守ることを改めて明記するとともに、水源涵養活動に加え持続可能な農業への移行も掲げた。

　国内工場で使用する水の２倍の量を涵養している活動を「ウォーターポジティブ」として新たに打ち出し、OECM認定を受けることを狙う。OECM認定を受けるためには、生態系サービスの提供や貴重な動植物の生息などが条件となる。認定を受ければ、サントリーの飲料水が国連のお墨付きを得た森

サントリーグループは全国21カ所の天然水の森で地下水を育む森づくりを実施し、OECM認定を狙う
写真：サントリーホールディングス

から産出されたことになり、ブランド価値が高まる。2022年4月に30by30アライアンスに加盟し、「天然水の森 ひょうご西脇門柳山」で既にOECMに相当する自然共生サイトの認定を得ている。

　将来の情報開示に備え、自然SBTsの方法論を開発する組織「SBTN」の水のパイロットプロジェクトに世界の3社の1つとして参加している。SBTNの5つの手順に従って、サントリー食品インターナショナルの自然のリスク評価にも乗り出した。ENCOREを使った定性評価では農作物の調達に伴う水使用と工場での水使用の負荷が大きいことが判明。優先順位付けでは中米の調達先や欧州の工場のリスクが高いことが分かった。さらに詳細を解析するため、東京大学の沖大幹教授と評価ツールを開発中で、将来のTNFD開示につなげる。

大成建設、都市部での自然再生に技術を生かす

　大成建設は、都市部の生物多様性を向上させることにネイチャーポジティブ達成の可能性を感じている。自然共生技術部部長の渡邊篤氏は、「都市部では生物多様性をもっと高められるポテンシャルがある。しかし現状ではその可能性を生かし切れていない。ここに当社の技術が生きる」と期待する。

具体的には、生態系をかく乱しない開発「エコロジカル・プランニング」を都市部で提案していくことだ。同社はエコロジカル・プランニングに実績があり、例えば富士山南陵工業団地における森づくりは、2010年に工業団地を竣工してから10年以上経った今、30cmだった樹木が5〜8mに育ち、周囲の環境と共生した森が広がっている。工業団地への入居条件に「森づくりプログラムへの参加と資金提供」を盛り込んだところ、全区域を完売するほどの人気だったという。「工場周辺の自然が、従業員の健康や労働意欲の向上に貢献すると考えた企業が多かった。自然が企業ブランドの向上や企業価値につながっている」と渡邊氏は指摘する。

　同社は、都市部でビルや工場を建設する企業に対して、エコロジカル・プランニングに基づく緑化の提案を始めた。鳥の飛来予測や、つくりたい緑の樹種を選択できる対話型アプリツール「いきもの／森／水辺コンシェルジュ」を開発した。このアプリを営業担当者が年間約30件利用し、緑化の受注につなげている。

　自然の持つ機能を活用した社会資本整備や土地利用をグリーンインフラと呼ぶ。渡邊氏は「もはやグリーンインフラを提案しないと評価されない。施主や事業主から自然との共生を要求される機会がここ数年増えている」と話す。大成建設は顧客（施主）のネイチャーポジティブに寄与できる分野に商機を見出している。

三菱地所は森づくりに10年間で6億円を提供

　三菱地所は2023年3月、群馬県みなかみ町でネイチャーポジティブ実現に向けた森づくりなどの活動を始めた。みなかみ町と環境NGOの日本自然保護協会（NACS-J）と3者連携協定を結び、企業版ふるさと納税を活用してみなかみ町に10年間で6億円を支援し、ネイチャーポジティブに関係する5つの活動を展開する。人工林の自然林への復元、里山里地の保全と再生、増えすぎたニホンジカの管理、自然を基盤にした解決策（NbS）の展開、生物多様性の定量的な評価手法の開発、である。日本イヌワシやクマタカの復

大成建設の富士山南稜工業団地の森づくり。10年以上が経ち、生物多様性に富む森が形成され、工業団地の価値が高まっている

写真：大成建設

帰を指標にして10年間で80haの自然林を復元し、ため池の外来種駆除や田んぼの冬季湛水で里山里地の保全を行う。

　不動産会社である三菱地所は自社にとって何がネイチャーポジティブか模索してきた。敷地の生物多様性配慮や、建築時の国産材活用を行ってきた。「これらは自然のリスク管理に当たり、これだけではネイチャーをポジティブを実現できない。サプライチェーンを超えてさらに自然を増やす活動が必要と考え、NACS-Jとの連携に至った」と、前サステナビリティ推進部長の樽林康治氏は説明する。NACS-Jはみなかみ町の「赤谷の森」で、人工林を自然林に復元して日本イヌワシの生息環境を改善し、森の炭素貯蔵量を増やす取り組みを進めていた。活動の成果を定量的に測定する作業にも取り組んでいた。この活動に共感した同社は対象地域をみなかみ町全域に広げて支援することにした。

　「今後、不動産開発が自然にどんな影響を与えるかを顧客に提案する必要が出てくる。みなかみ町をモデルケースとして保全や評価手法を開発することで、今後の不動産開発に生かしたい」と樽林氏は話す。みなかみ町の約1000種の生き物が、三菱地所の活動によってどの程度保全され、絶滅リスクを減らせるかを定量的に算出し、顧客への提案やTNFD開示につなげたい考えだ。

電力や製鉄、海洋生態系の再生で脱炭素

　海洋でも、生態系を回復させてCO_2吸収量を増やし、生物多様性保全と気候変動対策を両立させる動きが広がりつつある。活発化してきたのが海洋生態系による吸収量「ブルーカーボン」を増やす取り組みだ。コンブなどの海藻やマングローブなどの海洋生態系を再生して吸収したCO_2を「クレジット」として売買できるようにする。

　国土交通省認可の「ジャパンブルーエコノミー技術研究組合（JBE）」は、海洋生態系が吸収するCO_2を算定して認証を付与する「Jブルークレジット制度」を2020年に創設。2020年に22.8t（1件）、2021年に80.4t（4件）を認証した。2022年には一気に21件に増え、合計3733.1tを認証した。

　ブルーカーボンのプロジェクトには、自治体や漁業協同組合だけでなく、エネルギーや電力、製鉄などの企業の参画が目立っているのが特徴だ。ENEOSホールディングスは、山口県下関市で過剰繁殖したウニを駆除し、ウニが餌とするホンダワラなどを復活させるプロジェクトを進め、2022年に2tの認証を得た。駆除したウニは地元企業が蓄養し、商品化している。

　吸収量はそれほど多いわけではない。それでも企業がブルーカーボンのプロジェクトに魅力を感じる理由をENEOS未来事業推進部の大川直樹氏はこう話す。「当社は2040年までにカーボンニュートラル達成を目指している。最終的にカーボンオフセットが必要になるが、単なるクレジット購入ではなく、生物多様性や地域に貢献したいと考えた。海藻の再生は『自然を基盤にした解決策（NbS）』として新しい価値を生み出せる」

　日本製鉄やJFEスチールは、鉄鋼スラグを活用した藻場の造成でそれぞれ49.5tと79.6tの認証を取得した。

Jブルークレジットは50年に1000万tにも

　JBEによれば、日本の浅海生態系によるCO_2吸収量は最大404万t（2019年

■ 企業が関わった2022年度の主なJブルークレジット認証

実施者	取り組みの内容	認証量(t)	プロジェクト期間
電源開発（Jパワー）	北九州市の事業所周辺護岸に設置した、石炭灰と銅スラグを主原料としたコンクリート代替材料による藻場造成	10.5	1年
ENEOSホールディングスと地元の企業や漁協	山口県下関市でウニ除去によるホンダワラなどの藻場の回復	2.0	1年
関西エアポート	兵庫県関西国際空港周辺の藻場環境の創成や維持・保全	103.2	5年
洋野町と地元の漁協（住友商事が支援）	岩手県洋野町の増殖溝を活用したコンブなどの藻場の創出・保全	3106.5	5年
中国電力	島根原子力発電所3号機の防波護岸によるクロメなどの藻場造成	15.7	5年
日本製鉄と地元の漁協	北海道増毛町での鉄鋼スラグ施肥材の埋設によるホソメコンブなどの藻場造成	49.5	約5年
JFEスチールと地元の漁協や高校	山口県岩国市での鉄鋼スラグのリサイクル資材を活用した藻場・生態系の創出	79.6	4年
鹿島建設と地元の漁協や小学校、店舗	神奈川県葉山町での海藻の種苗海中設置によるワカメなど藻場再生と海面養殖	46.6	1年

出所：笹川平和財団の資料を基に日経ESG作成

度）と日本の総排出量（11.5億t）の1％未満だが、2030年に100万t以上のJブルークレジットを創出でき、海藻養殖も含めるとそれを倍増できる。沖合の大規模養殖も含めると2050年には1000万t以上を創出できるとみる。

現在は企業が排出量を国に報告する際にJブルークレジットによる吸収量を算入できない。JBEは将来的に国の自主参加型排出量取引市場（GXリーグ）でも使えるようにしたい考えだ。政府は国連に報告する温室効果ガス排出量・吸収量に2023年度からブルーカーボンを組み込む。

Jブルークレジットの証書に生物多様性の保全効果を特記事項として記載した実施者は、通常証書より需要が高かったという。ブルーカーボンの活動は、気候変動対策に加えて生物多様性保全の効果、さらには地方創生という新しい価値を生み出すものとして、企業の間に広まる可能性がある。

マルハニチロ、日本初のブルーボンド発行

海洋保全に取り組む姿勢や活動で企業価値向上を狙う企業も出てきた。水

■ マルハニチロが発行したブルーボンドの概要

発行体	マルハニチロ
発行日	2022年10月下旬
発行額と償還期間	50億円、5年
資金使途	環境持続型の漁業と養殖事業
セカンドオピニオン	格付投資情報センター（R&I）

ブルーボンドの資金は富山県入善町（上）のアトランティックサーモン（左上）の陸上養殖施設に充当する。立山連峰からの湧き水や海洋深層水を利用し、コスト競争力のある養殖を手掛ける

写真：マルハニチロ

産大手のマルハニチロは2022年10月、海洋保全のために資金を調達する債券「ブルーボンド」を日本で初めて発行した。発行額は50億円で償還期間は5年。金利は0.55％。調達した資金を持続可能な漁業や養殖事業に充てる。主に充当するのは同社と三菱商事が同年10月に富山県入善町に設立した新会社「アトランド」のアトランティックサーモン陸上養殖事業だ。

　世界の天然水産資源のうち35％は乱獲や過剰漁獲にさらされており、資源に余裕がある水産物は10％未満となっている。天然魚には限りあることから、既に世界の水産物の生産量の約半分は養殖魚になっている。中でも養殖アトランティックサーモンの需要は世界的に高く、その約7割を北欧や南米の企業が供給している。しかし、輸入コストがかかるため、マルハニチロは国産化を模索してきた。ただ、国産化するためには海上養殖は適地が限られる。陸上養殖は低水温を保つために電力コストがかかり、採算が取りにくいという課題があった。

　そんな中、浮上したのが富山県入善町だ。立山連峰からの冷たい湧き水や、町が提供する3℃の海洋深層水を利用でき、サーモン飼育にコスト競争力があると判断した。富山の自然資本を活用し、天然資源に負荷を与えないよう

陸上養殖の事業に乗り出すことにした。

新会社の総事業費は約110億円。年間2500tのサーモンを養殖し、2025年度に稼働、2027年度の出荷を目指す。再生可能エネルギーの導入など環境に配慮した施設にする。この事業にブルーボンドの資金を充てる。

海洋保全で企業価値を向上

なぜブルーボンドを発行したのか。それは、ブルーボンド発行をマルハニチロの企業価値向上の足掛かりにしたいと考えたからだ。これまで水産業でブルーボンド（グリーンボンド）を発行した例は日本ではなかった。水産業はリスクや価格変動が大きいとみられているためだ。実際、マルハニチロの2021年度の売上高は8667億円、営業利益は238億円と好調だが、「時価総額（約1240億円）は低く、株価純資産倍率（PBR）も1を切るなど株式市場で評価されていない」とIRグループ兼サステナビリティ推進グループ部長役の目時弘幸氏は話す。

同社は自然や環境に配慮したサステナビリティ経営を強く打ち出す必要を感じた。そこで2022年3月に2024年度までの中期経営計画を策定し、経営とサステナビリティの統合を打ち出し、2050年までのカーボンニュートラル達成や2030年までに水産物の資源状況を100％確認する目標を掲げるとともに、サステナブル金融を活用することも表明した。今回、「投資家にESG方針を示し、社債市場に顔を売れると考えたために、ブルーボンド発行に踏み切った」（目時氏）。格付投資情報センター（R&I）からグリーンボンド原則に沿う適格性の承認を取るとともに、国際金融公社（IFC）の「ブルーファイナンス・ガイドライン」のブルー適格性の確認も得た。その結果、第一生命保険や東京海上日動火災保険、ニッセイアセットマネジメントなどが投資表明を行った。

今後、ブルーボンドは海洋保全の取り組みを投資家に伝え、投資の呼び水になることが期待される。

お家芸の藻場再生、日本のブルーカーボンに期待

——海洋生態系の保全・再生で二酸化炭素を吸収する「ブルーカーボン」が注目されている。この活動は世界でどの程度広がっているのか。

渡邉 敦氏　ブルーカーボンの考え方は、もともと2009年の国連環境計画（UNEP）の報告書で登場した。沿岸生態系の海草、マングローブ、塩生湿地が対象で、開発や埋め立てで減少していることが危機だと捉えられた。金融の力を導入して再生させようと、科学者が評価する仕組みをつくり、2013年にIPCCが「湿地ガイドライン」を発表したのが始まりだ。

2015年頃から、ケニアやコロンビアなどの途上国がブルーカーボンの保全、再生で創出したクレジットを自発的なルールに基づき発行し、それを欧米の企業が購入する活動が始まった。米アップルなどの大企業も購入している。欧米が資金を提供し、先進国の環境NGOが途上国のカーボンの測定や報告の支援を進める。マングローブについてはクレジット化が増えている。各地でクレジットの価格はバラバラだが、購入する企業が増えており、得られた資金は途上国の保全・再生や、浄水施設整備、教育支援などに使われている。

現時点で気候変動枠組み条約により、各国政府が国連に報告する温室効果ガス排出・吸収量（インベントリ）にブルーカーボンの報告義務はない。ただ、米国とオーストラリアは任意で報告している。日本政府も2023年度から、インベントリにブルーカーボンを組み込むことを決めた。

——日本では国土交通省認可の「ジャパンブルーエコノミー技術研究組合（JBE）」が、海洋生態系が吸収するCO2を算定して認証を付与する「Jブルークレジット制度」を2020年度に始めた。どんな狙いがあったか。

渡邉　日本では漁業者と地元のNGOが中心に、藻場再生などの保全活動を活発に進めていた。補助金の支援はあったが、公的資金では活動の継続に限界があり、民間資金の導入が課題だった。そこで国土交通省で検討会での議論を重ね、国の排出削減目標（NDC）やインベントリに加えることも目標に、国交大臣認可のJBEが立ち上がった。2020年7月にJBEが発足し、各地で実証を展開してきた。

　JBEが認定したJブルークレジットは、2020年度は1件だったが、2021年度に4件、2022年度に21件に増えた。確実に広まっている。

──日本の活動の特徴は。

　渡邉　日本の海は亜熱帯から寒帯まである。特にアマモ場再生技術が発達している。コンブやワカメの養殖は、日本が世界に先駆けて開発したと言われる。養殖したものを商品として販売すればクレジットは得られないが、例えば一部を販売し、コンブの根の部分などの一部を温暖化対策として残置しクレジットにすることもできる。温室効果ガス排出量削減になるだけでなく、地産地消ビジネスや、海藻食という食習慣の変化にも貢献し得る点が海藻ブルーカーボンの興味深い点だ。

──ブルーカーボンの測定には科学データの収集が必要だ。どのようにしてCO2吸収量を測るのか。

　渡邉　IPCCの報告書は面積と活動量で測定する方法論を提示している。Jブルークレジットではこの考え方にのっとり、面積については、衛星写真やドローン画像で観察した際の色の濃さなどから密度と面積を割り出す。活動量については、1日で何g増量するという成長量を推定する。測定方法の精度や詳細に応じ、認定されるクレジットも大きくなる。

　日本の場合、自治体や企業、地元のNPOなどが協力してJブルークレジットを申請する場合が多い。測定方法は現場が選び、自ら測定する。我々JBEは申請を受け付け、現地で取り組みのヒアリングやアドバイスを行い、最終的には第三者委員会による審査を経て、JBEで認証する。

発行されたJブルークレジットを購入する企業も増えている。現在は企業が排出量を国に報告する際にJブルークレジットによる吸収量は算入できないが、JBEは将来的に国の自主参加型排出量取引市場（GXリーグ）でも使えるようにすることを検討している。

――クレジットでは、生物多様性の向上効果は評価されないのか。

　渡邉　藻場の再生はCO_2吸収量の向上だけでなく、生物多様性の向上ももたらす。横浜市のプロジェクトでは、CO_2吸収量だけでなく、「どんな魚が何t増え、どの程度水質が改善した」という情報を、クレジットの証書に特記事項として記載し、記載した証書と記載しなかった証書のどちらがより選ばれるか比較した。5社が購入したが、うち4社が特記事項の記載のある証書を購入し、無記載の証書より人気を集めた。生物多様性の価値に資金が流れる良い事例になると思う。

――今後の展開は。

　渡邉　沿岸で藻場を造成できる場所は限られている。今後は沖合の大規模養殖などが対象になるだろう。沖合には風力発電所も建設されていく見込みだ。例えば風車の間に海藻を植えたり漁礁を並べたりすることも検討されている。こうした沖合での技術開発や実証も、今後重要になるだろう。

渡邉 敦氏
笹川平和財団 海洋政策研究所／海洋政策研究部
上席研究員、ジャパンブルーエコノミー技術研究
組合（JBE）理事
写真：笹川平和財団

IoT、AI、データ活用で機会創出

事例編

　ネイチャーポジティブ経営はリスクの管理だけでなく機会も創出する。生物多様性のビッグデータの収集、管理、活用に機会がありそうだ。

積水ハウス、住宅の緑化の効果を定量化

　積水ハウスは、住宅の庭の緑化活動が生物多様性向上に及ぼす効果を定量的に算出し、ネイチャーポジティブへの貢献を日本企業で初めて定量的に示した。

　同社は住宅の庭に在来種の木を植える「５本の樹」プロジェクトを20年間展開してきた。５本の樹は、「３本は鳥のため、２本はチョウのため」顧客の庭に地域の在来樹種を植える活動で、2001年に始めた。緑化活動による効果を測るためには、これまで野外調査によって動植物が増えたことを確認するのが一般的だった。だが、調査結果は季節や天気に左右されるため、効果を客観的に評価できなかった。

　そこで積水ハウスは、全国の動植物データと衛星の位置情報データを組み合わせたビッグデータを構築している琉球大学の久保田康裕教授と協働した。このビッグデータに、５本の樹を実施した住宅の位置情報や樹木のデータを重ね合わせて分析することで、植栽に伴う生物多様性向上効果を定量的に弾き出すことができた。20年間に及ぶ活動で、在来種の樹種は10倍に増え、鳥の種は２倍に、チョウは５倍に増えたことが分かり、住宅の庭で鳥やチョウを呼び込む効果があったことを科学的に証明できた。緑化事業がもたらす

■ 積水ハウスは庭木でネイチャーポジティブの実現を証明

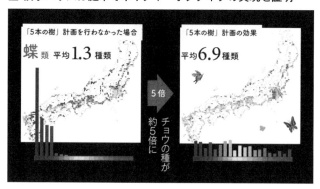

● 生物多様性ビッグデータで解析

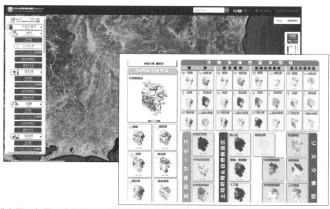

琉球大学の久保田康裕教授が構築した生物多様性に関するビッグデータを活用し、
「5本の樹」プロジェクトにより20年間で約5倍のチョウを呼び込めるようになった
ことを定量的に証明した

出所：積水ハウス、琉球大学久保田康裕教授

価値の見える化につなげられたという。

　同社は他の住宅メーカーにも5本の樹の活動を進めてもらうことで、さら
に効果を上げたい考えだ。3大都市圏（関東、近畿、中京）の新築物件の3
割が5本の樹の活動を採用すれば、生物多様性の豊かさを示す「多様度統合
指数」を大幅に伸ばせると予測した。

　生物多様性条約第15回締約国会議（COP15）で採択された2030年の新し

い世界目標の「30by30」には、「民間と連携した自然環境保全（OECM）」地域も含まれる。5本の樹によって緑化された場所をセットでOECMに認定できれば、新目標への貢献も打ち出せる。自然関連財務情報開示タスクフォース（TNFD）情報開示が始まれば、本業を通じた機会の創出として開示できる可能性もある。

NEC、センシングやAIで顧客の自然の課題を解決

NECは生物多様性のビッグデータを収集し活用することで、新規市場の開拓を狙っている。人工衛星や海底ケーブルを活用したセンシング、通信、AIや画像認識などの技術を生かし、企業や自治体などの顧客がネイチャーポジティブに貢献する活動を進められるよう同社が支援する。

既に実用化しているのが、営農アドバイスを行うサービス「CropScope」だ。農地の衛星画像や気象情報を取り込み、土壌温度や水分をセンサーで監視して、自動で灌漑したり、AI（人工知能）で営農アドバイスをするサービスだ。効率的に水や肥料を与えることで環境負荷の小さい農業を実現できる。同サービスを提供したポルトガルのトマト農園では、収穫量が1.3倍以上になり、窒素肥料を20％削減できた。窒素肥料を減らすことは、自然への負荷を減らし、農地からの温室効果ガス排出の削減につながる。現在、このサービスを11カ国の14作物で展開しており、さらなる市場の成長を目指している。

NECはブロックチェーン（分散型台帳）技術を用いて木材流通の来歴を追跡するシステムの提供も検討している。伐採から製材、販売に至るまでの木材のデジタル管理システムを構築することで、顧客は木材のトレーサビリティの確保や合法性の証明に活用できる。この技術を宮城県が出荷した木材で実証実験した。国内はもとより、環境配慮型の農林水産業に移行するため規制を強化しているEUでは、こうした技術への需要が高まっている。

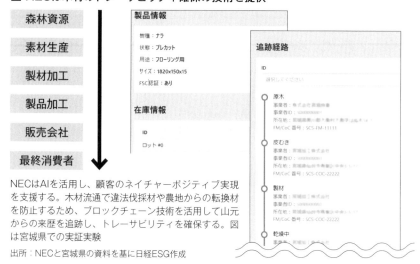

■ NECは木材のトレーサビリティ確保の技術を提供

森林資源

素材生産

製材加工

製品加工

販売会社

最終消費者

NECはAIを活用し、顧客のネイチャーポジティブ実現を支援する。木材流通で違法伐採材や農地からの転換材を防止するため、ブロックチェーン技術を活用して山元からの来歴を追跡し、トレーサビリティを確保する。図は宮城県での実証実験

出所：NECと宮城県の資料を基に日経ESG作成

日本IBM、ブロックチェーンで海産物の来歴を証明

　ブロックチェーン技術は、自然資源に依存する食品業界にもじわり広がっている。環境や人権に配慮して生産された食品かどうか、鮮度を管理して配送されているかなど、トレーサビリティの情報は消費者にも重要な情報だ。生産から流通、加工までの来歴情報を改ざんしにくいブロックチェーン技術へのニーズが高まっている。

　食材へのブロックチェーン技術の活用に先鞭を付けたのは米IBMである。同社は2016年に米ウォルマートと共同で、当時偽装問題に揺れていた中国の豚肉のトレーサビリティをブロックチェーンで追跡した。その後、スイスのネスレ、米ケロッグ、蘭ユニリーバ、仏カルフールも参加し、ブロックチェーンのプラットフォーム「IBM Food Trust」を2018年10月に商用化した。

　ウォルマートは葉物野菜のサプライヤーに対し、取引条件としてブロックチェーンへのデータ入力を要請。カルフールはプライベートブランドの20％にQRコードを付け、消費者がモバイルでスキャンすると追跡情報を見ら

れるようにした。

　日本でもブロックチェーン技術を導入する動きが始まっている。東京湾で
スズキ漁を営む海光物産（千葉県船橋市）は日本IBMなどと共同で、海産物
の来歴を証明する「Ocean to Table（海から食卓へ）」プロジェクトに乗り
出した。魚に付けたQRコードで漁獲から加工、出荷などの情報を追跡でき
る仕組みをつくっている。例えばレストランで提供されたスズキ料理のメニ
ューのQRコードをスキャンすると、いつ誰がどこで取った魚かという情報
や、加工情報、認証取得情報などが分かる仕組みを構築中だ。レストランで
の調理方法やレシピ情報を加えることも計画している。

　海光物産は、スズキの鮮度を保つため、水揚げ直後に活〆と神経抜きを行
い、「瞬〆スズキ」として出荷している。サステナブルな漁業を目指すプロ
ジェクト「漁業改善プロジェクト（FIP）」にも取り組んでいる。日本IBMブ
ロックチェーン事業部部長の高田充康氏は、ブロックチェーンの情報で、「サ
ステナブルな漁業の実現に向けた苦労や、鮮度を守る神経抜きを生産者の"ス
トーリー"として伝えれば付加価値になる」と話す。

　このプロジェクトは、漁労IoTのデータ収集にライトハウス（福岡市）、モ
バイルアプリにアイエックス・ナレッジ（東京都港区）、漁業コンサルティ
ングにUMITO Partners（東京都千代田区）が協力して進めている。

　日本では2018年に漁業法が改正された。魚資源の減少の原因になっている
る違法・無報告・無規制（IUU）漁業を防止するため、水産事業者が合法的

■ ブロックチェーン技術で魚の来歴が消費者に分かる

日本IBMは海光物産と共同で、ブロックチェーン技術を用いて海産物の来歴を透明化するプロジェ
クトを実施中。QRコードから、漁獲や加工情報を確かめられる

出所：日本IBMの資料を基に日経ESG構成

かつ適正に取った魚であることを証明する水産流通適正化法が2022年12月に施行された。ブロックチェーンの追跡情報は漁獲証明に活用できる。サステナブルに取られた魚であることを証明できれば、輸出の際にも差別化できる。

臼福本店、マグロに電子タグ付け来歴証明

法律制定前から、自ら漁獲証明に乗り出す日本企業も現れた。宮城県気仙沼市の臼福本店は2020年8月に、タイセイヨウクロマグロの漁業で世界初のMSC漁業認証を取得した。以前からクロマグロの資源管理をしながら適切に漁獲してきた同社は、IUUに関与せず資源管理しながら漁獲している同社の姿勢を世間にも広く知ってもらいたいと考えた。その証明のためにMSC認証の取得に踏み切った。

さらに同社は、すべてのクロマグロに通し番号入りの電子タグを付け、履歴を追えるようにもしている。「来歴が分かる魚を提供することで、漁業資源のサステナビリティに貢献していうことを示せる。当社のマグロは、履歴が不透明なマグロと差別化できる」と臼井壮太朗社長は話す。MSC認証のクロマグロの売り上げは2023年に約2億円を見込んでいる。

臼福本店は世界で初めて、タイセイヨウクロマグロでMSC漁業認証を取得した。マグロ1匹ごとに来歴を示す電子タグも付けて出荷している
写真：臼福本店

ネスレやスタバも、消費者に自然のストーリーを届ける

　欧米ではQRコードを付けた食品が既に市場に出回っている。ネスレは乳児用ミルク「Gerber」やマッシュポテト用ジャガイモ粉末「Mouslin」に「IBM Food Trust」を活用してきたが、2020年4月にはコーヒー「Zoegas」にも導入した。Zoegasはレインフォレスト・アライアンス（RA）認証を取得したコーヒーブランドだ。

　消費者がパッケージのQRコードをスキャンすると、コーヒーの栽培から、豆が焙煎され挽かれ、梱包されるまでの「コーヒーの旅」をたどれる。栽培地、収穫時期、出荷の取引証明書、焙煎時期の情報が分かる。

　米スターバックスは、米マイクロソフトと提携し、「Bean to Cup（豆からカップへ）」というトレーサビリティ透明化のプロジェクトを進めている。ネスレと同じくコーヒー豆の来歴に加え、おいしいコーヒーの淹れ方や、エシカル調達の情報も追加する。

　スターバックスはコーヒー豆の99％でエシカル調達を実現している。同社が取引する農家は約38万カ所。ブロックチェーン技術により、消費者はエ

ネスレはコーヒーやベビー用食品などにQRコードを付け、消費者に食品の来歴を伝え、信頼性やサステナビリティを担保している

写真：ネスレ

シカル調達に努力する世界のコーヒー農家とつながれる。農家にとってもつながることは良い効果がある。自ら生産したコーヒーが、高品質と評価されて輸出されたことを知り、途上国の生産者にとっては労働のモチベーション向上につながっているという。

　食のトレーサビリティの透明化は、生物多様性を保全するとともに、生産者の意欲向上や消費者の信頼感醸成などの新たな付加価値を生んでいる。

　自然の膨大な科学データを収集、分析することは、企業の価値向上や住民の生活向上に結び付けられる。ここに新たなビジネス機会獲得のヒントがありそうだ。

環境DNA技術で、生物多様性を「見える化」

　日本では、海や土壌などの環境に存在する生物由来のDNAから、生き物の種類や量を把握する技術も発達している。「環境DNA」技術という。生き物は糞や皮膚などの痕跡を残す。これをDNA分析することで、各地の生き物の種類や数を把握するものだ。

　東北大学大学院生命科学研究科の近藤倫生教授のグループは、全国の大学、研究機関、行政、市民の協力を得て、全国77地点（沿岸55地点、河川18地点、湖沼4地点）で共通の方法で水を採取し、魚の環境DNAを分析し、632魚種の検出に成功した。また、近海では日本郵船が定期航路で海水を採取して研究に協力し、158種の検出に成功した。これらのデータから日本全国の魚の種と量を記載した生物多様性のビッグデータを作成し、「ANEMONEデータベース」として公開している。

「従来は、魚の種類や量の変動を知る際には漁獲データに頼っていた。それに対し環境DNAは、水を汲むという単純な採取方法で、安価で広範囲に高い頻度でデータが得られる。生物多様性を科学的に見える化する技術として有効だ」と近藤教授は話す。特定の魚種の北上や回遊

場所の変化など、広域の変動も捉えることができている。

こうした生物多様性の科学データは、今後、自然の情報開示に重要に
なってくる。

■ 環境DNAの観測網「ANEMONE」

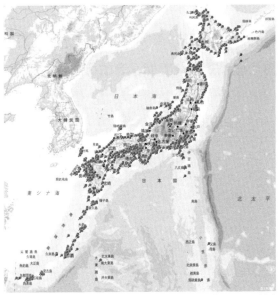

日本全国の861地点で水を採取し、環境DNAを分析した。4298
回の観測を行った結果、885魚種を検出した（2022年6月時点）

出所：東北大学近藤倫生教授

TNFD情報開示に備える

キリン、世界で初めてTNFD開示を試行

　ネイチャーポジティブの実現のためには、企業は取り組みを開示することが重要になる。機関投資家は企業の開示内容を見て投資判断をし、資金を流すようになるからだ。

　先進的な企業は、自然関連財務情報開示タスクフォース（TNFD）の試作版を使って既に試験的な開示を始めている。世界で初めて開示を試みたのは、キリンホールディングスである。2022年7月発行の「キリングループ環境報告書2022」で開示内容を公開した。

　TNFDは企業が自然への依存と影響を把握し、リスクと機会を管理して情報開示する枠組みをつくるタスクフォースで、枠組みが完成するのは2023年9月である。しかし、2022年3月から試作版を公開してきた。これまでに試作第4版まで発表している。キリンは試作第1版を使って開示を試みた。

　TNFDの枠組みは、気候関連財務情報開示タスクフォース（TCFD）と同様、「ガバナンス」「戦略」「リスク管理」「指標と目標」の4つの柱から成る（「リスク管理」は試作第3版で「リスクと影響の管理」に変更になった）。しかし、気候の情報開示と大きく異なる点がある。自然の情報は場所に紐づくこと、企業が影響を与える自然には様々な種類があることだ。

　そこでTNFDは、企業がどんな自然と関係があり、依存し、影響を及ぼしているかを知るツール「LEAPアプローチ」を提供している。企業はLEAPに従うことで、自然との接点を発見し（Locate）、依存と影響を診断し（Evaluate）、リスクと機会を評価し（Assess）、開示を準備（Prepare）できる。

■ 自然の情報開示を支援するツール「LEAPアプローチ」

発見する 自然との接点		診断する 依存関係と影響		評価する 重要なリスクと機会		準備する 対応し報告する

戦略とリソース配分

L1 ビジネスのフットプリント	当社の直接の資産とオペレーションはどこにあるのか、当社に関連する/バリューチェーン(上流と下流)活動はどこにあるのか？	E1 関連する環境資産と生態系サービスの特定	各優先地域で行われている自社のビジネスプロセスと活動は何か？各優先地域での環境資産と生態系サービスに依存関係るあいは影響があるか？	A1 リスクの特定と評価	当社の組織に対応するリスクは何か？	P1 戦略とリソース配分	この分析の結果、下すべき戦略と資源配分の決定は何か？
L2 自然との接点	これらのアクティビティが接点を持っているバイオームや生態系はどれか？	E2 依存関係と影響の特定	各優先地域において、当社の事業全体に関わる自然関連の依存関係や影響は何か？	A2 要存リスクの軽減と管理	既存のリスクを軽減・管理するアプローチで、すでに適用しているものは何か？	P2 パフォーマンス測定	どのように目標を設定し進捗度を定義・測定するのか？
L3 優先地域の特定	当社組織が、生態系の十全性が低い、生物多様性の重要性が高い、および/あるいは水ストレスを抱えている地域であると評価された生態系とは相互作用しているのはどこか？	E3 依存関係の分析	各優先地域における自然への依存関係の規模、程度はどの程度か？	A3 追加リスクの軽減と管理	追加で検討すべきリスク軽減・管理行動は何か？		
						開示アクション	
L4 セクターの特定	どのセクター、事業部門、バリューチェーン、アセットクラスがこのような優先地域で自然と接点を持つか？	E4 影響の分析	各優先地域における自然への影響の規模、程度はどの程度か？	A4 重要性の評価	重要なリスクと、TNFDの開示提案に沿って開示すべきリスクは何か？	P3 報告	TNFD開示提案に沿って、何を開示するのか？
				A5 機会の特定と評価	この評価によって明らかになる、自社のビジネスにとっての自然関連の機会は何か？	P4 公表	自然に関する開示はどこで、どのように提示するのか？

出所：「TNFD、2022年」を基に日経ESG作成

■ キリンの自然リスクが大きい製造拠点の優先順位付け

国	製造拠点	水ストレス	取水量	生物多様性リスク
米国	Biokyowa, Inc.	★★★★	★★★★★	★★
タイ	Thai Kyowa Biotechnologies Co., Ltd.	★★★★	★★★	★
日本	協和ファーマケミカル	★★★	★★★★	★★
日本	キリンビール取手工場	★★★	★★★	★
オーストラリア	ライオン Tooheys Brewery	★★★★	★★	★★
オーストラリア	ライオン Castlemaine Perkins Brewery	★★★★	★★	★★

SBTNの手法を活用。★の数が多いほどリスクは大
出所：キリングループ環境報告書2022から一部抜粋

■ キリンのLEAPを使った開示の例

スリランカの紅茶農園

Locate	「キリン 午後の紅茶」のおいしさを支えるのはスリランカの紅茶農園。農園内に沿岸大都市の水源が存在
Evaluate	日本が輸入するスリランカ産茶葉の約25%を「キリン 午後の紅茶」が使用。茶葉生産地は気候変動により水リスク・ストレスが増大し、豪雨で肥沃な土壌も流出
Assess	依存度が高いスリランカ産茶葉が持続可能に使えない場合は商品コンセプトが成立しなくなる
Prepare	2013年からスリランカの紅茶農園に対してレインフォレスト・アライアンス認証取得支援を実施。認証取得農園数・トレーニング農園数は環境報告書・Webで広く公開

出所：キリングループ環境報告書2022から一部抜粋

科学に基づく目標設定が鍵

　キリンは、事業拡大を通じてネイチャーポジティブを目指すことを打ち出しており、以前から「持続可能な生物資源利用行動計画」を策定し、自然資本を大切にする経営をを行ってきた。今回LEAPを活用して改めて全事業を点検し、自然への依存や影響が大きい地域を分析した。その結果、優先地域として3拠点を洗い出した。「午後の紅茶」の茶葉を調達するスリランカの紅茶農園、水ストレスが深刻なオーストラリアの工場流域、草原を再生している長野県のワイン用ブドウ畑だ。

　洗い出しには、科学に基づく目標を定める団体SBTNの手法も活用した。SBTNは自然に関する科学に基づく目標（自然SBTs）設定の手法を開発中であり、キリンはSBTNのコーポレートエンゲージメントプログラムに2021年3月に参加した。

　SBTNの手法を用いて各地域の水ストレス、取水量、生物多様性リスクを測り、優先度の高い地域を確認した（前ページ中央の図）。その評価結果と、渇水や洪水など現場での経験を総合的に判断して、3拠点を選んだ。

　その上で3拠点をそれぞれLEAPで開示した。

　前ページの下図は、そのうちの1拠点、スリランカの紅茶農園の開示の例だ。優先地域に選んだ理由は、農園内に都市部の水源があるためと説明（L）。日本が輸入するスリランカ産茶葉の25％を調達しているため依存度が高く、かつ水リスク・水ストレスが増大しているため影響も大きいと説明した（E）。茶葉を持続可能に利用できないと商品コンセプトが成立しないとしてリスクを指摘（A）。リスクに対応するため、農家に環境や人権に配慮したレインフォレスト・アライアンス認証取得の資金や人材開発の支援を行い、農園数やトレーニング数は公開情報を引用した（P）。

　2つ目の優先地域である、水ストレスの高いオーストラリアの工場流域では、従来から水の目標値を設定していたが、今後は自然SBTsの設定を目指すと説明した（P）。3つ目の優先地域である長野県のワイン用ブドウ畑では、

草原再生の機会を説明した（A）。

　キリンのCSV戦略部シニアアドバイザーの藤原啓一郎氏は、LEAPを用いて開示を試みたことによって「事業と自然の関係を整理でき、新たなリスクの発見があった」と話す。加えて、「TCFD開示の内容を書き換えることで、TNFDでも開示できることに気づいた」と言う。例えば、TCFDでは物理的リスクとして、気候変動により大麦、ホップ、紅茶などの生物資源（農産物）の収量が減少した場合の財務インパクトをシナリオ分析で開示している。これは自然が毀損された際のリスクとしてTNFDでも開示できるという。

　「将来、TCFD開示とTNFD開示が融合すれば企業は開示に対応しやすい。気候変動対策と生物多様性保全の取り組みがトレードオフになる場合は、開示作業を通してバランスのとれた活動を再検討できる」と、藤原氏は開示に対応することの企業としてのメリットを話す。TNFDはTCFD開示と整合させ、かつ国際サステナビリティ基準審議会（ISSB）の基準と整合させることを目指している。

　TNFD開示は、企業が自然のリスクや、自然と気候への包括的な取り組み方に気づく契機になる。適切な企業行動評価や投資行動につながるよう、開示していくことが大切だ。

ケリングは自然資本会計を経営指標に

　仏ケリングは、サプライチェーン全体で自然に与える環境インパクトを測定し、金額で開示する「環境損益計算書（EP&L）」という会計報告を2012年から毎年発表してきた。自然へのコストを金額で表す、いわゆる「自然資本会計」である。この会計を経営判断に生かし、環境や社会に配慮した経営を進めてきた。

　同社のサプライチェーンの１次サプライヤーには衣服の生産委託工場がある。２次には布地加工、３次には染色、４次には綿花栽培のサプライヤーなどがいる。環境損益計算書は、その各段階で「大気汚染」「温室効果ガス」「土地利用」「廃棄物」「水使用」「水質汚染」に与える環境インパクトを測定

	廃棄時	使用時	本社（店、倉庫、オフィス）	1次サプライヤー（組み立て）	2次サプライヤー（製造）	3次サプライヤー（素材加工）	4次サプライヤー（素材製造）	合計（ユーロ）
大気汚染	d	●					●	10% 5020万
温室効果ガス	●	●	●	●	●	●	●	35% 1億8370万
土地利用	d						●	31% 1億6030万
廃棄物				●	●	●	●	7% 3420万
水利用	d		●					7% 3380万
水質汚染	d		●			●	●	10% 5370万
合計（ユーロ）	0.2% 90万	12% 6130万	10% 5250万	5% 2800万	8% 4350万	9% 4400万	56% 2億8570万	100% 5億1590万

ENVIRONMENTAL
PROFIT & LOSS (EP&L)

KERING

仏ケリングはサプライチェーンを通して自然や環境に及ぼす影響を金額で評価する「環境損益計算書」を発行している。サプライチェーンのどの段階で負荷が大きいか一目瞭然だ。売り上げに対する環境負荷の比率を経営指標にし、その低減を目標に掲げる

■ 売り上げに対する環境負荷の比率

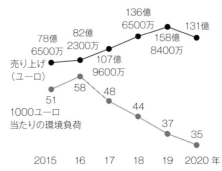

売り上げ（ユーロ）
- 78億6500万
- 82億2300万
- 107億9600万
- 136億6500万
- 158億8400万
- 131億

1000ユーロ当たりの環境負荷
- 51
- 58
- 48
- 44
- 37
- 35

2015　16　17　18　19　2020 年

出所：ケリングの資料を基に日経ESG作成

し、それを社会コストとして金額に換算したものだ。例えば大気汚染は呼吸器疾患にかかった際の保険金額などに換算して算出する。

金額換算によってサプライチェーンのどこにどの程度の自然リスクがあるのかが定量的に分かり、対策の優先順位がつけられる。2020年の環境インパクトの総額は5億1590万ユーロに上った。最大の影響は温室効果ガスで35％を占め、次は土地利用の変化で発生していること（31％）や、4次サプライヤーが及ぼす影響が大きいことなどが分かった。

分析結果をケリングは経営判断に生かしている。同社は売り上げに対する環境インパクト総額の比率を経営指標にしてきた。これをKPI（重要業績評価指標）とし、素材や調達地域を見直したり、新しい製法の開発につなげたりしてきた。デザイナーも環境インパクトを考慮して原材料を選んでいる。

同社は「2025年までにグループ全体で生物多様性にプラスの影響を与える」目標を掲げ、同年までにサプライチェーン全体で100万haの土地の修復・再生と、100万haの重要な生息地の保護というコミットメントを発表している。その一環で自然再生ファンドを立ち上げ、再生農業への転換を進めている。こうしたコミットも環境損益計算書の分析から出てきたものだ。

自然へのインパクトの測定と開示は、自社の経営の改善にも役立てられる。

BPは環境DNAや衛星データを活用してインパクト測定

英エネルギー大手のBPは、2022年以降の「ネット・ポジティブ・インパクト」を目標に掲げ、NGO「ファウナ・アンド・フローラ・インターナショナル」と協力して石油探査の用地などで生物多様性データの収集を始めた。TNFD開示に備えるためだ。採掘現場ごとの環境インパクトの評価にも乗り出した。種、生態系、生息地への影響を見るのに、環境DNAなどの技術の活用や、衛星による生息地の変化の確認を行い、インパクトを測定している。

投資家は自然の影響を受けやすい資産を把握したがっているため、BPは保護区内やその周辺にある操業拠点の全リストを公開している。

三菱商事、水産養殖事業の依存と影響を評価

　三菱商事サステナビリティ・CSR部の担当主任、持田力氏は、「投資家やESG評価機関から、森林や水、生物多様性への取り組みを質問される件数がこの1年で急増した」と、同分野への関心の高まりを実感している。商社である同社はすべての事業が自然と接点を持ち、生態系サービスの恩恵で成り立っていることを認識し、依存と影響や、リスクと機会を把握するため、2022年8月から社内でTNFD枠組みを使った試験的な開示の準備を始めた。2段階に分けて行う。第1段階では事業ポートフォリオを分析し、三菱商事の各事業の中で、自然への依存や影響が大きい事業を洗い出した。TNFDが推奨するツール「ENCORE」を活用し、各事業の一般的な依存度と影響をマッピングした。水産養殖、金属資源、自動車製造事業など8事業の依存と影響が大きいと特定した。最も依存度が高い事業は水産養殖、最も影響度の大きい事業は金属資源の事業と分析した。

　最も依存度の高い水産養殖事業について、TNFDのLEAPアプローチで分析することにした。傘下のノルウェーのセルマック社でサケマス養殖事業を手掛けており、三菱商事にとっても事業戦略上重要な事業の1つに当たる。この事業の自然への依存と影響を把握するため、LEAPのLとEを実施した。

　Lではセルマックの各事業拠点で周囲の生物多様性の状況や水ストレスを確認した。Eでは生態系サービス別の依存関係や、影響要因別のマイナスとプラスの影響の一覧を作成した。養殖場がどのような自然との接点があるかを分析したところ、一部拠点の周辺にある保護地域には絶滅危惧種が多いことなどが分かった。一般的に養殖業では、餌に魚粉を使うことで、魚粉の原料となる魚の漁獲量が減少する恐れや、餌を大豆に切り替えた場合は森林への影響なども懸念されている。同社のLとEの分析で餌の確保における自然への依存と影響が大きいことが改めて確認された。また、漁網の目から養殖魚が脱走するといった海面養殖に共通する課題なども改めて浮かび上がった。

　今後は事業のリスクと機会の分析、すなわちAとPの分析を進め、対応を検討する。生態系の研究者やNGOとの連携の可能性も探る。

第 **4** 部

持続可能な調達の
現場を知る

認証・人権・地域貢献に向けた挑戦

　生物多様性は場所によって異なる。ネイチャーポジティブ経営を進めるためには、マテリアル（重要課題）な原材料や地域をあぶり出し、現場レベルでの取り組みが必要になる。環境ばかりでなく、人権や地域に配慮した調達が求められる。第4部はこうした原材料に焦点を当て、持続可能な調達に取り組む現場の苦労を見る。

スタバなど外食が認証パーム油を要請

　生物多様性上、重要な原材料の1つにパーム油がある。世界一消費量の多い植物油脂で、年間消費量は7640万t（2022年）。その約85％は食品用で、残りは洗剤の界面活性剤などに使われる。

　需要の増加に伴い、主要生産地であるインドネシアとマレーシアでは、パーム農園の開発が熱帯雨林の破壊を招き、オランウータンなどの野生生物の減少や農園労働者の人権侵害なども起きるようになった。そこでパーム油関連企業や環境保全団体が連携して立ち上げたのが、RSPO（持続可能なパーム油のための円卓会議）だ。2008年からはRSPO認証制度も始まった。EUはいち早く、2020年までに使用するパーム油を100％認証油に切り替えるという宣言を打ち出したが、日本は出遅れた感がある。

　花王やサラヤなどの化成品の企業は2004〜5年からRSPOに参加していたものの、食品業界の腰は重かった。

　しかし、その状況が変わり始めた。外食や小売りからの要望を受け、日本の食品業界が認証油の採用に乗り出したからである。牽引したのはスターバックスコーヒーやマクドナルド、イオン、日本生活協同組合連合会などだ。

　スタバはドーナツやポテトチップの揚げ油、パンや焼き菓子の練り込み用

油脂にパーム油を使用している。米国で「2020年までに森林破壊ゼロ、泥炭地破壊ゼロ、搾取ゼロのパーム油を調達する」というコミットメントを発表したことに従い、日本でもサプライヤーにスタバ用製品に使うパーム油をRSPO認証油にするよう要請した。油脂加工メーカーにはサプライチェーン認証の取得を、食品メーカーには認証油を使った生産を依頼した。

　日本生協連は日本の流通業として初めて、2017年10月にRSPOに加盟した。2018年度に認証油を使った石けんや化粧品を販売した。イオンは2017年4月に、2020年までにプライベートブランド（PB）商品に使うパーム油をすべて認証油に切り替えると宣言した。

コスト乗り越え、中小食品メーカーも認証に動く

　これらサプライチェーンの川下からの要請で、中小企業が多い食品会社や油脂加工会社でも認証油を使う動きが始まった。

　認証マークが付いた食品は2018年に国内で初めて登場した。創健社（横浜市）の「べに花マーガリン」だ。自然食品を扱う創健社にとって、べに花マーガリンは年間50万個弱を販売する主力製品だ。

　認証パーム油を使うことにしたきっかけは、消費者からの問い合わせだっ

RSPO認証マークが付いた創健社のマーガリン（上）。パッケージで認証を説明し、消費者への周知を図っている。この製品を委託生産している月島食品工業は、認証油を使った加工油脂を生産する体制を早くに整え、クッキーやケーキなどの食品向けに提供している

た。「『この製品は環境や社会面に配慮しているか』と問われた。自然食品ブランドを標榜する当社として、認証油を使う必要性を感じた」と青柳雅登・商品開発部次長は明かす。

　そこで同製品を委託生産する月島食品工業（東京都江戸川区）に相談したところ「認証油への切り替えに対応できる」との回答が返ってきた。実は月島食品は以前から「こういう時代が必ず来る」とみてRSPOに加盟し、サプライチェーン認証を取得。認証パーム油を使って油脂加工品を生産する体制を整えていた。

　認証取得にはいくつかハードルがある。１つは費用だ。RSPOに加盟すると年間2000ユーロを払う必要がある。もう１つは、工場でサプライチェーン認証を取るために原料の管理の仕組みを整える必要がある。中小企業にとって決して楽ではない。しかし、月島食品は苦労しながら工場と物流センターで認証を取得した。その苦労が創健社の製品で報われた。「多くのパーム油の問い合わせを受けている。認証油への波は来ている」と月島食品の石田英明・取締役研究所長は苦労を振り返る。

人権配慮の不二製油、苦情処理窓口をいち早く設置

　日本の食品業界が重い腰を上げる中、欧州の顧客にチョコレートを供給するため、業界に先駆けて2004年にRSPOに加盟したのが、不二製油グループ本社である。同社は世界４位の業務用チョコレートメーカーであり、世界の名だたる食品メーカーにチョコレートを供給してきた。欧米の納入先からサステナビリティに関する厳しい要求を受けてきたことから足腰が鍛えられた。2016年には責任あるパーム油調達方針を定め、「森林破壊ゼロ、泥炭地破壊ゼロ、搾取ゼロ（NDPE）」を宣言。欧州向けには最も厳しいセグリゲーション方式の認証油を、米国向けにはマスバランス方式の認証油を供給している。

　海外の顧客にとって認証油は当たり前だ。さらに一歩進み、トレーサビリティの確保を求めてくる。要求に応えるため、2016年からNPOのTFTと連

携し、トレーサビリティの追跡を始め
た。既に搾油工場まで100％のトレーサ
ビリティを確保している。2030年まで
に農園までのトレーサビリティ100％を
目指す。

搾油工場より上流には人権上のリスク
も大きい。同社は取扱業者や農園、農家
の問題を確認して改善する活動に乗り出
した。搾油工場の担当者に調達方針を丁
寧に説明するとともに、人権リスクが大きい搾油工場を洗い出し、対応して
いる。

問題が発覚して対策を取ったこともある。

ある農園で、移民労働者230人のパスポートを預かっていた。これは逃亡
を防ぐという意味で強制労働に当たる。別の所では、労働者の読めない言語
で書かれた雇用契約書を交わしていた。いずれの事例でも是正を求めるとと
もに、貧しい小規模農家に生産性の高い栽培方法や労働管理などの農園マネ
ジメントを指導し、認証を取得する支援も始めた。

不二製油は日本のパーム油関連企業では初めて「苦情処理メカニズム」を
導入した。人権侵害を受けた労働者が直訴できるホットラインである。国連
の「ビジネスと人権に関する指導原則」の「救済」に当たる活動だ。生物多
様性・自然は人権や地域と深く結びつき、切り離して経営することはできな
い。こうした経営姿勢がCDPで気候変動、水セキュリティ、フォレストで
2020〜2021年にトリプルAを獲得することに結びついた。

日清のカップヌードルが市場に波及効果

世界でこれまでに累計400億食以上が食べられたカップヌードルのカップ
にも、ついにRSPO認証マークが躍るようになった。日清食品は、カップヌ
ードルを生産する国内工場でRSPOのサプライチェーン認証を取得、2020年

２月からロゴを付けて店頭に並べるようになった。

　カップヌードルは麺を長期保存できるようパーム油で揚げている。即席麺業界は１社当たりのパーム油使用量が多い。カップヌードルは認知度の高い食品だけに、認証油に切り替わることで、食品業界に及ぼす影響は大きい。

　同社は2019年９月から「地球と人の未来のために、すぐやろう。」を標榜し、環境・社会課題に取り組む「カップヌードルDO IT NOW!」プロジェクトを展開。RSPO認証油への切り替えもその一環で取り組んだ。2017年に制定した持続可能な調達方針では、「食の安全安心」「法令・倫理の順守」「地球・環境配慮」「人権尊重」「コミュニティとの共生」の５本柱を掲げている。パーム油については、森林破壊ゼロ、泥炭地開発ゼロ、搾取ゼロ（NDPE）を掲げ、持続可能なパーム油の調達拡大やトレーサビリティの確保に取り組んできた。パーム油の搾油工場のリストを公開するとともに、世界資源研究所（WRI）が提供する衛星モニタリングツールを用いて搾油工場周辺のパーム農園の近くの森林・泥炭地破壊リスクを検証している。リスクが高い搾油工場には、購入元の油脂加工メーカーと確認する体制を取る。

　同社は環境戦略「EARTH FOOD CHALLENGE 2030」で、持続可能なパーム油の調達比率を2030年度までにグループ全体で100%にする目標を掲げている。食品業界の巨人だけに、サプライチェーンをはじめ消費者へのインパクトも大きい。

　化成品でもRSPO認証マークの付いた商品が広がりつつある。太陽油脂（横浜市）は2015年からシャンプーなどのボトル製品17品、詰め替え製品13品に認証マークを付けて販売している。ロフトや東急ハンズ、生協などの自然派の小売店で販売する。同社は認証油を使った食品用の加工油脂も2017年度から出荷を始めた。品質保証グループリーダーの武藤浩明氏は、「マーガリンやショートニングを作る食品メーカーから問い合わせがあり、販売を始めた」とし、この分野での拡大も期待している。

　日本企業で最も早く取り組んだのはサラヤだ。洗濯パウダー・食器洗いジェルの「ハッピーエレファント」シリーズやヤシノミ洗剤などを販売するサ

太陽油脂のハンドソープやボディソープのシリーズではマスバランス方式の認証パーム油を使用し、商品ボトルに認証マークを表示している。自然派の小売店で販売している

ラヤは、2005年からRSPOに加盟し、認証パーム油を使用してきた。2030年までにセグリゲーション方式やマスバランス方式による認証パーム油を100％にする方針を掲げ、持続可能な調達に取り組んでいる。

　同社は森林保全に加え、小規模農家の支援にも乗り出した。小規模農家にRSPOのグループ認証を取得してもらう支援をする現地企業ワイルド・アジアを2017年から支援し、農薬の削減や有機肥料への転換、アグロフォレストリーへの転換などのプロジェクトを支援している。生物多様性保全を、小規模農家の生産性向上や生活の向上につなげたい考えだ。

　中小企業が多い食品や油脂の業界では、パーム油の調達を通して、自然への配慮や持続可能性を高めようとする挑戦が続いている。

サステナブル・シーフード

小売りや社食、
レストランにじわり広がる

米ウォルマートは「サステナブル・シーフード」キャンペーン

「Our Ocean, Our responsibility（私たちの海は私たちの責任）」。世界最大の小売り企業、米ウォルマートは2020年春から、持続可能に生産された水産物を証明するエコラベルを商品棚に付ける「看板キャンペーン」を始めた。

天然魚の「MSC（海洋管理協議会）認証」、環境や社会に配慮した養殖魚の「BAP認証」、アラスカ産の持続可能な天然魚を示す認証などのマークが棚に躍る。「持続可能な魚を品揃えしてキャンペーンを実施した店は、生鮮水産物の売り上げが25％も向上した」と同社の持続可能な食品・農業担当シニアディレクター、マイケル・ハンコック氏は語る。

環境や社会に配慮して生産された持続可能な水産物「サステナブル・シーフード」が欧米市場で急速に広まっている。ウォルマートと同社会員制スーパーのサムズ・クラブが扱う天然魚は、2019年に98％がサステナブル認証

米ウォルマートはサステナブルな認証ラベルを商品棚に付け始めた。人気のツナ缶ではMSC認証を取得した

を取得したものか、認証取得を目指して漁業改善プロジェクト（FIP）を進める魚に置き換わった。養殖魚についても、99％が持続可能な水産方針に基づいて調達している。

認証水産物で業界引っ張るイオン

日本の小売りも、サステナブル・シーフードの商品を増やしている。

先頭を走るのは、小売り大手のイオンである。2006年にアジアで初めてMSC認証の天然魚を発売して以来、一貫して認証水産物にこだわって販売を続けてきた。MSCとは、海の生態系や多様性を維持し、資源を枯渇させないような漁業によって取られた天然魚を証明する第三者認証制度だ。同社は、養殖魚についても環境や社会に配慮して生産され養殖魚を証明するASC（水産養殖管理協議会）認証の魚を発売。2023年3月時点でMSC認証を28魚種、ASC認証を13魚種取り扱っている。認証水産物の売り上げはイオン全体の売り上げから見れば一部だが、「永続的に魚を販売するためには資源管理と認証取得は避けられない重要な取り組み」と同社は捉えている。

イオンが動くことで、漁業者や水産卸などサプライチェーン全体に大きな影響力を与える。「2020年までに連結対象のスーパーマーケットでMSCやASCの流通・加工認証（CoC）の100％取得を目指し、主要な全魚種で持続可能な裏付けのあるプライベートブランドを提供する」という2020年目標も2017年に打ち出した。

「小売りの事業は水産物や農産物など生態系に依存する部分が多く、自然資源を持続的に調達しなければ事業を継続できない」という考えの下、イオンは2010年に「生物多様性方針」を策定した。2014年には業界に先駆けて「持続可能な調達原則」を作り、自然資源の違法な取引・採取・漁獲の排除やトレーサビリティの確立を盛り込んだ。とりわけリスクが大きい水産物については、別途「水産物調達方針」を策定し、ワシントン条約で指定されたヨーロッパウナギの取り扱い中止や、MSC認証やASC認証など持続可能な商品の積極的な販売を定めた。

社内体制も構築した。20〜30人から成るリスクアセスメント委員会を立ち上げ、定期的な会議を開いて環境、調達、商品の責任者が集まり、リスクのある魚種や調達方法などを議論してきた。こうした成果として、認証水産物や完全養殖魚の取り扱い強化、違法取引の禁止、減少するシラスの漁獲制限など、資源状況や国際動向に即して機動的のある方針を打ち出すことができた。

　他の小売りが認証水産物の販売に消極的だった中で、イオンは取引先にも認証への理解を促し、流通業界を牽引してきた。

　リスク対応の一方で、認証水産物はビジネスチャンスにもなるともみている。認証ロゴを付けるためには費用が必要だが、流通上の工夫でコストを下げ、認証水産物を従来製品と同程度の価格で販売できている。加えて、環境だけではなく、商品の品質やおいしさで顧客の心をつかむ工夫も続けてきた。

　認証水産物の市場拡大の鍵を握るのは、消費者の認知度を上げることである。消費者に持続可能性の重要性を教育することも企業の責務だと考えている。同社が2011年に制定したサステナビリティ基本方針は、「多くのステークホルダーとともに持続可能な社会の実現を目指す」ことを掲げている。

　そこで店舗に、認証水産物だけを並べて消費者にサステナブルな水産物を普及啓発するコーナー「フィッシュバトン」を2015年11月から設置してきた。水産資源を枯渇させずに次世代につなげたいというメッセージや、MSC認証やASC認証の仕組みをポップや動画を交えて伝えている。2023年3月時点で63店舗に広がっている。

　同社は水産物や森林資源の調達方針に加え、パーム油や農産物、畜産物の調達方針も策定してきた。

　2021年に魚の認証取得率が80％を超えたところで、現在は認証のみならず、トレーサビリティの確保や人権配慮にも力点を置いてネイチャーポジティブ経営を進めている。

コンビニで若者に気づきを与える

　消費者に最も近いコンビニでも、サステナブル・シーフードの展開が始まった。イオンの子会社であるミニストップは、MSC認証の紅ザケのおにぎりを東京・千葉・茨城の約300店舗で2018年に発売した。おにぎりへの認証魚の採用はコンビニ業界では初めてのことだった。

　「コンビニの客は持続可能な食材への意識が高くない30〜40代の男性が多い。認証魚への気付きを与え、持続可能性の取っ掛かりを作りたい」と第一商品本部米飯・調理パンチームの加藤里香氏は語った。

　イオンも2017年12月、MSC認証の紅ザケとタラコのおにぎりを発売した。グループ傘下のミニストップはイオンと同じ原料を使うことでスケールメリットを出し、値段を通常のサケのおにぎりと同じ値段にした。委託生産工場の認証ロゴ使用料はミニストップが支払い、従業員教育を実施して認証マークを付けるところにこぎ着けた。

　デパートにもサステナブル・シーフードが登場した。そごう・西武は、家族で訪れる傾向が強いデパートの強みを生かし、サステナブル・シーフードを訴求。アラスカシーフードマーケティング協会の「責任ある漁業管理（RFM）」認証の天然水産物を2016年から販売してきた。RFM認証は、世界水産物持続可能性イニシアチブ（GSSI）から「FAO（国連食糧農業機関）のガイドラインに準拠している」と認定されたサステナブル・シーフードである。新型コロナ感染症が広がる前は、有名シェフによる料理実演を交えてアラスカ産サステナブル・シーフードの店頭販売イベントを開催してきた。「デパートは3世代が一緒に訪れる場所で、楽しい体験イベントは記憶に残る。イベント後に持続可能性の重要性を解説することで販売に結び付けている」と同社の加納澄子CSR・CSV推進室シニアオフィサーは話す。

水産大手、資源管理や完全養殖に活路

　水産会社にとっては水産物を持続可能にとり、提供し続けること、すなわ

ちサステナブル・シーフードは経営の根幹に関わる。

　日本水産、マルハニチロ、極洋の水産大手３社は、持続可能な水産物の実現を目指す国際的なイニシアティブ「SeaBOS」に参加している。SeaBOSは、世界の水産大手企業10社が、海洋・漁業の持続可能性について科学的根拠に基づいて戦略をつくり、協力しながら活動することを目的に2016年に設立されたイニシアティブだ。水産物のトレーサビリティ確保や、IUU漁業対策、強制労働対策を進めることや、絶滅危惧種の混獲の防止、養殖における抗生物質削減戦略の合意、気候変動や海洋プラスチック問題への対応を行うことが参加企業に求められている。

　水産資源の資源状況への科学的な調査にも乗り出している。例えば日本水産は、国内外グループ企業41社が2019年に取り扱った水産物の資源状態を第三者に分析・評価してもらった。持続可能な漁業のためのパートナーシップを構築している米NPOのSFPが提供する水産資源データベースを使用して分析・評価した。同年の全漁獲量（天然魚）271万tについて、その資源状態を調べたところ、191万t（71％）が管理されているが、22万t（8％）は改善を要し、57万t（21％）はデータ欠損のため資源状態を判定できないことが判明した。

　こうした科学的な調査データを踏まえ、今後の水産方針を見直している。取り扱い魚種をMSCなどの認証魚や資源状態の良好な魚種・産地に変更していくことや、サプライヤーとの対話を強化すること、養殖では餌の魚粉に使う魚種のトレーサビリティ確保などを定めた。

　リスクの削減だけでなく、天然資源に負荷をかけにくい養殖にも力を注ぐ。日本水産は2018年に完全養殖クロマグロを発売した。完全養殖マグロは飼育時に他の魚資源を餌として使うため「必ずしもサステナブルではない」という議論がある。そこで同社は餌を配合飼料に切り替え、魚資源への負荷を減らす取り組みを進めている。

　完全養殖クロマグロは近畿大学やマルハニチロ、極洋も生産・販売しているが、日本水産は餌の改良や流通時の包装を工夫し、「マグロに含まれるビ

■ 日本水産グループが取り扱う水産物の資源状態調査

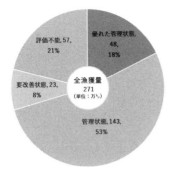

- 評価不能, 57, 21%
- 優れた管理状態, 48, 18%
- 要改善状態, 23, 8%
- 全漁獲量 271 (単位：万㌧)
- 管理状態, 143, 53%

日本水産は取り扱い魚種の資源の状態を調査した（左）。要改善状態や評価不能の魚種を減らしていく。上は、日本水産が発売した完全養殖クロマグロ。飼育時の餌を配合飼料に切り替えた
写真：日本水産

タミンEやイノシン酸を多くし、色の劣化も遅くした」と、養殖事業推進部担当執行役員の前橋知之氏は差別化の特徴を話す。ふ化後の餌は、イシダイやキスの子供を使わず配合飼料に置き換え、海のいけすに移した後の餌は、魚粉と植物タンパクから成る配合飼料などにした。「完全養殖マグロの利点はトレーサビリティを確保できること。今後も餌を配合飼料に置き換える努力を続けていく」と前橋氏は話す。

ユーグレナも参入、海藻で認証

水産会社や小売り以外にもサステナブル・シーフードは広がってきた。

バイオ企業のユーグレナは、2019年1月、沖縄県石垣島で生産するユーグレナ原料とヤエヤマクロレラ原料で、海のエコラベル「ASC-MSC海藻認証」を取得した。

ASCは環境や人権に配慮して生産された養殖の水産物を、MSCは天然の水産物を認証する制度だ。これまでは魚介類が認証の対象だったが、2018年に海藻を対象にする「ASC-MSC海藻認証」ができたことを受け、ユーグレナは世界初の認証取得に踏み切った。

サステナブルに生産されたことを証明し、世界の人々にユーグレナやクロ

ユーグレナはユーグレナ原料とクロレラ原料でASC-MSC海藻認証を取得した。原料がサステナブルに生産されたことを証明できる

写真：ユーグレナ

レラを安心して食べてもらうためだ。認証取得は、「当社の創業が、食料安全保障の問題解決がベースにあったことと関係している」と執行役員で研究開発担当の鈴木健吾氏は話す。

　世界人口の増加で養う人口が増えたとき、タンパクを効率的に作るニーズが高まる。注目したのが光合成でタンパクを作るクロレラと微細藻類ユーグレナ（ミドリムシ）だった。2005年に石垣島で食用の屋外大量培養に成功した同社は、ユーグレナとクロレラの機能性食品を製品化して成長した。

　ユーグレナの新たな用途として今狙っているのが、養殖や畜産の餌の置き換えだ。養殖は世界の漁業生産量の約半分を占め、餌の使用量が増えている。以前はアジやイワシをつぶした魚粉が一般的だったが、水産資源のひっ迫で大豆など植物への切り替えが進んでいる。

　こうした餌を、魚粉タンパクから、ユーグレナやクロレラに置き換えれば、水産資源への負荷を抑えて海の生態系を守れる。ASC-MSC認証はサステナビリティを養殖業者や畜産業者に訴求できる。

　同社は「バイオマスの5F」という事業戦略を掲げている。ユーグレナやクロレラを、重量単価が高い順に、Food（食料）、Fiber（繊維）、Feed（飼料）、Fertilizer（肥料）、Fuel（燃料）の5つの用途で事業化する戦略だ。既に食料、繊維（バイオプラスチック）、バイオ燃料は実用化した。次に狙う

のが飼料化で、年間数十万tの餌の市場を置き換える。既にユーグレナを配合した飼料を与えたクルマエビや鶏の飼育を行った。2019年から伊藤忠商事と共同で、インドネシアとコロンビアでユーグレナを飼料とバイオ燃料に活用する海外培養実証事業も始めた。

肥料化にも取り組み、あらゆる用途でASC-MSC認証の製品を活用していく予定だ。

投資家との対話でも認証取得を説明している。「海外投資家の比率が上がっている。彼らは環境や人権の配慮に関心が高く、サステナブルを訴求できる」と鈴木氏は言う。

ヤマキ、カツオ節に世界初のMSC

日本が誇る伝統の食、カツオ節にも、MSC認証品が登場した。提供するのは、カツオ節だし最大手のヤマキ（愛媛県伊予市）。2021年6月から和食店「きじま」でMSCのカツオ節を調理に活用し始めるとともに、2022年6月からは家庭向けにもMSC認証のカツオ節の販売を始めた。

ヤマキは2019年8月に、愛媛事業所本社工場でMSCのCoC（加工・流通過程の管理）認証を取得した。同社は同時期にモルディブの水産会社YMAKを買収して子会社にした。YMAKは既にMSCの漁業認証を取得していることから、カツオの漁獲からカツオ節の生産、流通、愛媛での最終製品製造に至るサプライチェーン全体でMSCのカツオ節を作れる体制を整えた。

ヤマキはその3年前の創業100周年の折、取り組むべきCSV（共有価値の創造）を「体・心・地球の健康」と定め、地球の健康の取り組みとして「持続可能な水産資源の調達」を経営戦略の根幹に据えた。MSCのCoC取得はその取り組みの一環だ。

取締役専務執行役員の城戸克郎氏は、「カツオ節業界最大手の当社は、持続可能な水産資源に責任がある。MSCを通して日本の食文化であるカツオ節やだし文化を守り、世界にも伝えたい」と話す。

ヤマキにとってモルディブ産のカツオのサプライチェーンでMSCを取得し

ヤマキは愛媛事業所本社工場でMSCのCoCを取得した。モルディブにおけるカツオの一本釣り漁業からサプライチェーン一気通貫でMSCの製品を扱える体制を整えた

写真：ヤマキ

たことはビジネス上重要な意味がある。この海域のカツオは身が締まって脂肪分が少なく、だしに最適。さらにモルディブは国を挙げて資源管理に取り組み、カツオ漁を一本釣りだけに制限している。認証取得で、高品質のカツオ節をMSCで提供できるようになり、市場への展開の時期を探っていた。

2021年6月に、外食向けに限定的にMSC認証のカツオ節を商品化し、2022年6月から家庭用にもMSC認証付きのカツオ節の販売を始めた。

同社はカツオパックの包装材の削減にも取り組んでおり、消費者から好意的な反応が寄せられるという。

パナソニックや損保ジャパン、社員食堂で持続可能性

サステナブル・シーフードは企業の社員食堂にも広がっている。

2018年3月、パナソニック大阪本社の社員食堂に「サステナブル・シーフード」と書かれたパネルやポスターが掲げられた。社員が興味深そうに眺めながらトレイを持って配膳口に並ぶ。SDGs（持続可能な開発目標）のロゴマークも見られる。この日、パナソニックは日本企業で初めて、社食のメニューにMSC認証の魚を導入した。

パナソニックでは2018年3月から、社員食堂でサステナブル・シーフードを提供し始めた。2020年までに100拠点のすべての社食で提供する

■ 事業所の社食ごとに 給食事業者がCoC認証を取得

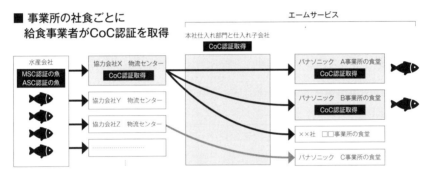

社食でMSCやASCの魚を提供するには給食事業者や物流センターが事業所ごとにCoC認証を取得する必要があり、コストや運営管理が大変だ

　パナソニックはこのMSC認証の魚や、環境や人権に配慮して生産された養殖魚を示すASC（養殖水産管理協議会）認証の魚を同日から社食に導入した。2020年には国内事業所のすべての社食に導入する。

　これまでサステナブル・シーフードの提供は、スーパーや一部の外食に限られており、消費者への大きな広がりはなかった。今回、大手電機メーカーのパナソニックが社食に採用した意義は大きい。同社の従業員は国内に10万5000人、社食は100カ所以上ある。「社員が食べることで意識が変わり、スーパーでも認証魚を選ぶようになると、社会への波及効果がある」と同社CSR・社会文化部の福田里香部長は説明する。「社食を通じてサステナブル・シーフードを普及させることで、SDGsの目標14『海の豊かさを守る』にも貢献できる」と福田部長は導入の背景をそう語る。

しかし、海から社食までのサプライチェーンを構築するのは一筋縄ではいかなかった。2拠点の食堂運営を委託しているのは、給食事業者のエームサービス。全国に1日120万食を提供する大手給食事業者だ。パナソニックの食堂も14拠点を運営している。

サステナブル・シーフードを提供するために、エームサービスは認証魚と非認証魚を分別管理することを証明する「CoC認証」を3カ所で取る必要があった。食堂の調理場、仕入れ部門と仕入れ子会社、物流センターだ。物流センターは別会社であるため認証取得を依頼する必要があり、加えて、膨大な食材が搬入されるため、荷受けから保管、出荷で認証魚と非認証魚を分けるのが難しかった。

「物流センターの従業員や配送ドライバーに、商品識別やトレーサビリティのルールを徹底してもらえるかどうかがミソ」とエームサービスの松崎義則・品質統括センター長は話す。マニュアルを作り、指導に当たった。

CoC取得コストは初回の審査に30万〜40万円、継続にも毎年30万〜40万円かかる。魚種の確保にも苦労した。MSCやASC認証の国産魚はホタテやカツオなど限定的で、社食では一般的な魚種ではない。海外産の認証魚を調達したりメニューの工夫をしたりして乗り切っている。

エームサービスは売価を若干上げているが、かかったコストの多くを"先行投資"とみて自社で吸収している。それでも取り組みの大切さを松崎氏は感じている。「5年前から魚を調達しづらくなった。サンマは取れず、秋サケもまとまった量を調達できない」。認証魚を扱うことは、魚のサステナビリティの向上と資源獲得につながるとみる。

数百万人にリーチできる市場

後に続く企業も現れた。損害保険ジャパンだ。2018年10月から、新宿本社と西東京市の2つの社食でMSCとASC認証の魚を使うメニューの提供を始めた。両食堂を運営するのは給食大手グリーンハウス。

当初、グリーンハウスでは費用対効果を考え、サステナブル・シーフード

の導入をためらったという。背中を押したのはパナソニックだった。グリーンハウスはパナソニックの５カ所の食堂も運営する。損保ジャパンとパナソニックに加え、今後、他の企業も動き出す可能性があるとみた。「サステナブルな食材は用意しておくべき武器。当社の企業価値を高めるには必要な食材だ」（グリーンハウスグループの加藤剛氏）と考え、経営層を説得した。

　損保ジャパンの本社と西東京市の事業所、パナソニックの事業所２カ所の合計４カ所で同時にCoCを申請し、グループ認証でコストを抑えた。損保ジャパンの冨樫朋美・CSR室副長は、「コストをグリーンハウスや当社が負担するのでなく、社員に払ってもらう了解を人事部から得た。身近な活動でSDGsを浸透させるきっかけにしたい」と話す。

　2018年６月から環境保全や農園労働者の生活向上の基準を満たすレインフォレスト・アライアンス（RA）認証の「サステナブル・コーヒー」も社食で提供し始めた。本社で１日1000杯飲まれるコーヒーの全量をRA認証に切り替えた。コーヒーが環境や人権の保全につながることを説明するポスターを作り、食堂や廊下に貼った。社員の評判は上々だという。

　全国に1000人以上の企業は2400社ある。日本フードサービス協会によれば、1000人以上の企業の６割が社食を備える。そう考えると、社食は数百万人に持続可能な食材を伝えられる格好の場所であり、市場拡大のきっかけ

損保ジャパンの社食では2018年10月からプラスチック製ストローを廃止し、サステナブル・シーフードを導入した。POPを掲げ社員に周知している

をつくる場所だとも言える。

ミシュランシェフがシーフードの伝道師

消費市場に影響を与えるインフルエンサーも現れた。ミシュラン一つ星の
フレンチレストラン「シンシア」のオーナーシェフ、石井真介氏だ。2020
年9月、サステナブル・シーフードを主な食材にする店「シンシアブルー」
を東京・原宿に開いた。メニューには宮城県産のASC認証のギンザケや千葉
県産のFIPのスズキなどに加え、神奈川県の未利用魚オアカムロが並ぶ。未
利用魚の活用も、資源を守るサステナブルな活動だ。石井氏は「この店が消
費者を引っ張り、他の店をけん引する道しるべになればよい」と話す。

海や魚をサステナブルにしていることを目指す団体「シェフス フォー ザ
ブルー」には石井シェフのようなシェフたちが連携し、海を持続可能にする
活動をしている。日本の水産現場に開いた風穴。サステナブル・シーフード
をてこに、水産大国の復権が待たれている。

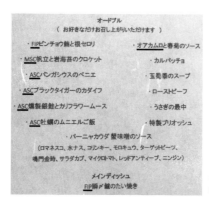

フレンチレストラン「シンシアブルー」
のメニュー。サステナブル認証魚や未
利用魚が並ぶ

マクドナルがMSC認証バーガー
魚、紙、パーム油、コーヒーと認証そろい踏み

　マクドナルドの店舗に行き、フィレオフィッシュを注文すると、海の環境を守って漁獲した魚を証明するエコラベル「MSC（海洋管理協議会）認証」のロゴマーク付きの商品が出てくる。

　日本マクドナルドは、MSC認証のロゴマーク付きのフィレオフィッシュを2019年11月から販売を始めた。

　フィレオフィッシュに使用する魚は、アラスカ産のタラ。実はこれまでもこの魚はMSCの漁業認証を取得していたが、日本の流通段階で認証水産物を非認証水産物と分別管理する「CoC認証」が取得できていなかった。CoCが取れていないと店舗でMSCのロゴマークは付けられない。仕組みを整え、2019年8月に店舗と流通拠点で審査に合格してCoC認証を取得、ようやくロゴマークを付けられるようになったのだ。

　日本マクドナルドはCoC認証取得に当たって、1年かけて仕組みをつくった。もともとMSC認証のタラと非認証のエビを混在しないよう、袋の色やフライバスケットの大きさを変え、納品数や保管量などのデータ管理を行っていた。それに加え、リスク管理マニュアルを作るなどマネジメントシステムを構築。MSCの教材を充実させて全国15万

MSC認証のマークが付いたフィレオフィッシュが2019年11月から登場した。レインフォレスト・アライアンス認証のコーヒー、RSPO認証のパーム油、FSC認証の紙はすでに導入済みだ
写真：日本マクドナルド（中央の2点）

人のアルバイトへの教育も徹底した。

　同社は他の原材料に対しても、認証製品の採用に取り組んでいる。袋やカップなど全ての紙にFSC（森林管理協議会）認証紙を採用。ポテトやフィレオフィッシュの揚げ油に使うパーム油には、油脂メーカー3社に要求を出し、2019年1月からRSPO（持続可能なパーム油のための円卓会議）認証油を使っている。同10月からはコーヒーをレインフォレスト・アライアンス認証のコーヒー豆に切り替えた。

　持続可能な調達の取り組みは、スケール（規模）を利用して環境や社会への配慮を進めるという当時のマクドナルドの持続可能性方針「Scale for Good」の一環だった。一方で「先行投資でもある」と、日本マクドナルドのCSR部マネージャーの岩井正人氏は話す。「認証への認知度は子供の方が高い。彼らを啓発することで未来の顧客となり、未来の雇用にもつながる」と期待する。

第 **5** 部

金融機関の自然への投融資を知る

10億ドルの生物多様性ファンドも登場

全体動向

　世界の機関投資家は、ネイチャーポジティブ経営を行う企業を選別し、投融資に乗り出した。仏BNPパリバ・アセットマネジメントや英HSBC、英アビバ・インベスターズ、米ブラックロックなどがここ2〜3年、生物多様性や自然資本に関する新しい投資方針を発表し、方針に基づいた投資や、企業とのエンゲージメント、議決権行使を始めている。

投資家から生物多様性・自然資本に関する投資やエンゲージメントの方針などを示した報告書がここ2〜3年相次いで登場した

BNPパリバ、生物多様性フットプリントで企業選別

　金融大手、仏BNPパリバの資産運用会社BNPパリバ・アセットマネジメントは、投資先企業を「生物多様性フットプリント」という指標を使って評価し、選別に乗り出している。

　同社が生物多様性に注力するのは、フランス政府の規制が背景にある。「仏エネルギー・気候法第29条は、投資家に対して生物多様性条約の長期目標に即した戦略の策定や、生物多様性に及ぼす環境インパクトを測定する際の指標の開示を義務づけている。2022年6月以降、資産運用会社は生物多様性に関する長期目標と戦略の開示を求められるようになり、対応を迫られた」と同社のESGアナリスト、ロバート・アレキサンドル・プジャード氏は説明する。

　そこで同社はまず、運用資産総額のうち自然関連リスクにさらされている資産の割合を把握することにした。自然のリスクには、生態系の変化によって原材料を調達できなくなる物理的リスク、政策転換によって農林水産物の価格が上昇する移行リスク、市場全体が脅かされるシステミックリスクなどがある。これらのリスクが同社のポートフォリオでどの程度を占めるかを把握するため、「ENCORE」というツールを使ってポートフォリオを分析した。ENCOREは国連環境計画金融イニシアティブ（UNEP FI）などが開発したツールで、金融機関が投融資先企業の自然関連リスクと機会を評価するためのものだ。

　BNPパリバ・アセットマネジメントは株式と債券の運用資産全体のポートフォリオを分析した。生態系サービスへの依存度を、業種別に金額ベースで示したのが次ページの図だ。運用資産の多くが淡水・地下水などの水資源や、洪水防止などの生態系サービスに依存していることが分かった。

■ BNPパリバ・アセットマネジメントの運用資産が依存する生態系サービス

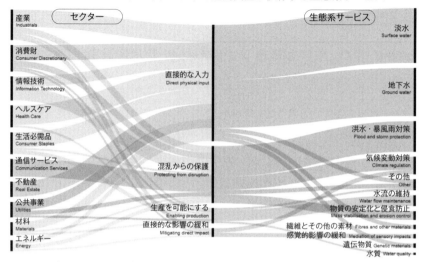

BNPパリバ・アセットマネジメントが分析ツール「エンコア」を使い、投資（株式と債券）が依存する生態系サービスを投資額1ユーロ当たりで算出した結果。淡水や地下水、洪水・暴風雨防止機能などの生態系サービスに大きく依存していることが判明した

出所：BNPパリバ・アセットマネジメント

■ トレーサビリティ確保は資産の15%

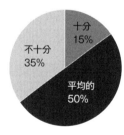

BNPパリバ・アセットの投資先であるパーム油などの森林関連商品企業で、トレーサビリティ確保ができている割合。生活必需品や一般消費財の企業などが含まれる
十分：サプライヤーの森林伐採ゼロの順守をモニターし、すべての森林関連商品、事業活動、国、製品、事業でサプライチェーンのトレーサビリティ確保に取り組んでいる
不十分：森林関連商品のトレーサビリティ確保に取り組まず、今後2年以内の導入計画もない

　次に、投資先企業がどの程度、自然を守る方針を順守しているかを調べた。同社は投資先企業に「森林資源の減少を2030年までに食い止める」という目標へのコミットメントを要請している。調査の結果、運用資産総額の半分強を占める480社が森林伐採に関係する農作物を生産・調達しているが、その約半分は「CDPフォレスト」に回答していないことが判明した。回答して

いても、森林方針が不十分である企業が30%、トレーサビリティ確保が不十分である企業が35%にも上ることが浮かび上がった。

同社が次に着手したのが、投資先企業が生物多様性に及ぼすインパクト（影響）の測定だ。2020年3月、同社はアクサ・インベストメント・マネージャーズ（アクサIM）や仏ミロバなど他の運用会社と共同で、投資先企業が生物多様性に及ぼす影響を測定する手法や指標の開発をアイスバーグデータラボに依頼し、「生物多様性フットプリント」という指標の開発を始めた。

生物多様性フットプリントとは、企業がサプライチェーンに及ぼす環境負荷を、「土地利用の変化」「大気汚染」「水質汚染」「CO_2排出量」に分類して測定するもので、それを生物多様性の豊かさを示す指標「平均生物種豊富度MSA」で算出する。企業の公開データから計算する。「優先的にエンゲージメントを行う企業をあぶり出すことが狙いだ」とプジャード氏は言う。

既に同社が運用する株式と債券の約7割をカバーするフットプリントを算出済みだ。分析の結果、資本財、一般消費財、素材、生活必需品のセクターのフットプリントが大きいことが分かった（次ページの図）。「これまで経験的に分かっていたことが科学的データで裏付けられた。エンゲージメントに焦点を当てるセクターが明確になった」とプジャード氏は言う。こうした科学的な分析がこれからいっそう重要になる。

BNPパリバ・アセットマネジメントは、生物多様性フットプリントを投融資にも活用し始めた。フットプリントから生物多様性への潜在的影響が少ない企業を選別した上場投資信託（ETF）を2022年9月に欧州市場向けに発売した。今後、企業がTNFD開示を始めれば、企業の自然への影響がロケーション（場所）ごとに詳細に開示されるようになる。その開示情報を見て、より粒度の細かい生物多様性フットプリントを算出し、投資判断に生かしていく考えだ。

ロベコ、100社に共同エンゲージメント

蘭ロベコも、アイスバーグデータラボの生物多様性フットプリントを、投

■ BNPパリバ・アセットマネジメントは業種別の「生物多様性フットプリント」を分析

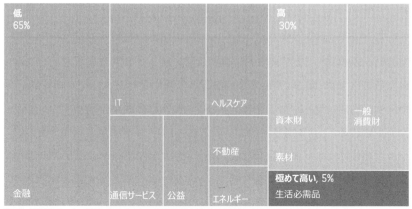

「生物多様性フットプリント」とは、事業活動が生物多様性に及ぼす潜在的な環境負荷を示す指標で、1年間で生物多様性の豊かさ（MSA）がすべて失われる面積で表す。
−0.20km²MSAとは1年間で0.20km²の生物多様性がすべて無くなるようなインパクトを示す
低：−0.20km²MSA未満
高：−0.20〜−0.50km²MSA
極めて高い：−0.50km²MSA超
（投下資本100万ユーロ当たりのフットプリント）
BNPパリバ・アセットマネジメントは、ポートフォリオ全体が生物多様性に及ぼす悪影響を「生物多様性フットプリント」を使って評価した。フットプリントが極めて高い業種への投資が、運用資産総額の約5％を占めることが判明
出所：BNPパリバ・アセットマネジメント

資先企業の選別に活用し始めた。フットプリントを使って企業を7ランクで評価する手法を独自に開発し、例えば最低ランクの企業には投資しないというルールをつくってエンゲージメントに生かしている。

　ロベコは運用資産総額2000億ユーロのうち、1770億ユーロ（21年6月時点）でESGを統合した運用をしている。ESG評価には生物多様性の評価も組み込んでいる。特に力を入れて評価しているのは、森林関連商品だ。2020年には森林伐採に焦点を当てたエンゲージメントプログラムを開始した。パーム油など森林関連商品の生産や調達を行う企業に対して、2023年までに「森林破壊ネットゼロ」を達成するための計画の策定を求め、これまでに30社弱とエンゲージメントを行った。

　他の投資家との協働にも乗り出した。自然への依存度と影響が大きい世界

の上位100社に共同エンゲージメントを実施する「ネイチャーアクション100（NA100）」も開始した。同社も参加するイニシアティブ「生物多様性のための金融誓約」が中心となり、非営利組織セリーズや気候変動に関する機関投資家グループ（IIGCC）と共同で進めるプロジェクトで、生物多様性条約COP15の会場でNA100のお披露目式を開催した。その時点で117の投資家が参加を表明。エンゲージメント対象となる100社を2023年3月に発表するとした。

　NA100では、企業活動が生物多様性に与える影響や、COP15で採択された昆明・モントリオール生物多様性枠組に合致する目標をどう設定するかなどについて企業に質問し、TNFD開示に企業がすぐ対応できるように働きかける。

　ロベコのエンゲージメントシニア・マネジャーのピーター・ヴァン・デ

■ ロベコの生物多様性インパクト投資ファンド

4つの投資分野

● 持続可能な土地利用　　森林、農地、都市環境

● 淡水のネットワーク　汚染防止、浄化、生息地保全

● 海洋システム　漁業、養殖業、海洋保全

● トレーサビリティが確保された製品　食品、繊維、原料素材

ロベコは、生物多様性のインパクト投資ファンドの運用を2022年10月から始めた。生物多様性の負荷軽減や再生・回復に役立つ技術、製品、サービスなど4分野に投資する。約250社のユニバースから40〜80社を選ぶ

写真：アフロ（2点とも）

ル・ワーフ氏は、「年間10兆ドルの潜在市場とされる生物多様性の保全分野は、投資機会だと考えている」と話す。ロベコは2022年10月にネイチャーポジティブへの移行で事業機会を得る企業に投資するインパクト投資ファンドの運用も始めた。投資先は「持続可能な土地利用」や「淡水のネットワーク」など4分野で、世界から40〜80銘柄を選定する。森林再生、排水処理、有害廃棄物管理、持続可能な漁業や養殖の他、有機食品・飲料などの環境配慮製品が含まれる。

　同社が注目する分野の1つが食品分野だ。EU食料戦略（農場から食卓まで戦略）は2030年までに有機農業による農地を全農地の25％以上にすることや、養殖に伴う抗菌剤販売を50％以上削減することを盛り込んでいる。サステナブルな食に関する銘柄が同ファンドに組み込まれると見られる。

HSBCは自然資本インパクト投資でリターン8％

　大規模なインパクト投資ファンドも登場した。英金融大手HSBC傘下で自然資本に特化した運用を手掛けるクライメート・アセット・マネジメントは、総額10億ドルの「自然資本インパクト投資ファンド」の本格運用を2022年12月に始めた。「ネットゼロとネイチャーポジティブの達成」と銘打ち、機関投資家から資金を集め、持続可能な農業や林業、自然保全・再生事業に投資する。

　やせた農地や林地を付加価値の高い土地に再生することで得られる農作物や林産物の収益に加え、自然の保全・再生で増加した炭素貯蔵量から生まれる「クレジット」の販売収益も得ることで、8〜10％の内部収益率（IRR）を見込んでいる。

　森林ファンドなどの自然関連ファンドは以前から存在したが、リターンが低いという課題があり、広まらなかった。クライメート・アセット・マネジメントの親会社のHSBCアセットマネジメントの機関投資家ビジネス部門ESGリーダーのサンドラ・カーライル氏は、「今回の自然資本ファンドは10億ドルと規模が大きい上、インパクトと高いリターンを両立させるのが特徴

■ HSBCの自然資本インパクト投資ファンドの投資分野

持続可能な農業	・環境効果のある大規模な持続可能な農業 ・土地利用の転換による環境インパクトの改善と土地の価値向上
持続可能な森林	・自然保護につながる持続可能な森林地の管理 ・CO_2吸収やその他の自然資本インパクトを通じた補助的な収益
その他の自然資本の保全・再生	・生態系サービスを主な収益源とするプロジェクト ・景観の保全、自然の再生、マングローブや海藻など沿岸の再生

英HSBCの関連運用会社は10億ドルの自然資本インパクト投資ファンドの本格運用を始めた。自然の保全・再生や農業、森林に投資。炭素貯蔵量のクレジットからも収益を得る

写真：HSBCアセットマネジメント

だ。収益が上がる事業を精査し、選別している」と話す。

カーライル氏は、「世界の温室効果ガス排出量の約25％は農業・林業・土地利用から排出されている。自然の乱用で土壌が劣化し、生物種も減少している。我々は自然を重要な資産と捉え、価値を向上させたい」とファンド組成の意図を話す。

ファンドの資金の8割は持続可能な農業や森林経営に、2割は自然資本の保全・再生に投資し、カーボンクレジットやブルーカーボン（海洋生態系への炭素蓄積）の収益を得る。

ここでも定量化が重要になる。創出されるインパクトを定量的に測定し、投資家に報告する必要がある。そこで、HSBCは自然のインパクトを測る独自の評価手法を開発中だ。重要業績評価指標（KPI）として「生物多様性」

「土壌の質」「水質」など約20個を準備している。「生物多様性」は森林整備に伴う昆虫の種数、「土壌の質」は土壌の酸素濃度や水分量などの基準を設けて評価し、CO_2固定量や絶滅危惧種の保全状況を報告する。

　イベリア半島でのアーモンド栽培の再生農業など、10〜20件の事業に投資する。他にも、北米、欧州、オーストラリア、ニュージーランドの農業や森林経営などを選定する予定だ。

　大型のインパクト投資ファンドを組成したのは、「消費者や投資家から生物多様性保全の要請が高まっていることに加え、2021年に適用されたサステナブル金融開示規則（SFDR）の影響もある」とカーライル氏は話す。SFDRの第8条・9条が規定するサステナビリティを促進する金融商品に該当しなければ資金を集めにくくなっている。今回の自然資本インパクト投資ファンドは第9条に該当する。

　「通常のESG投資でも自然資本に焦点を当てて企業とのエンゲージメント

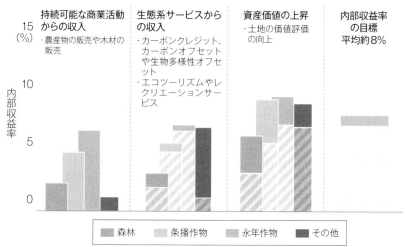

■ HSBCの自然資本インパクト投資ファンドのリターン

持続可続な森林経営や農業、その他自然資本の保全事業に投資する。農産物や木材の販売、カーボンクレジット、土地の価値向上から収益を得る。事業ごとに最大10%、平均8%の内部収益率を見込む

出所：HSBCの資料を基に日経ESG作成

を強化する。投資家の反応をみて、今後も自然資本ファンドを増やしていく
考えだ」（カーライル氏）。

日本の森林再生を支援

　HSBCはファンドの組成だけでなく、寄付活動でも世界の自然の保全・再
生に取り組んでいる。収益の上がる事業には投資を、NGOやベンチャーに
は寄付で支援する構えだ。2021年5月には世界資源研究所（WRI）や世界
自然保護基金（WWF）と協働で、気候変動対策に取り組む団体に5年で合
計1億ドルを寄付するプロジェクトを始めた。主要テーマの1つに「自然を
基盤にした解決策（NbS）」を加えている。湿地やマングローブ、森林の保
全、持続可能な農業で生物多様性の保全とともにCO_2吸収能力を高める活動
を対象とする。

群馬県みなかみ町にある「赤谷の森」では、日本自然保護協会が人工林を自然林に復元し、イヌワ
シの生息環境を改善する活動を行っている。こうした世界の生物多様性保全・復元プロジェクトに
HSBCは5年間で1億ドルを寄付する。生態系の再生で炭素貯蔵が高まり、気候変動対策にもつな
がる

写真：日本自然保護協会

寄付先の１つに、日本自然保護協会が群馬県の「赤谷の森」で進める森林管理活動を選んだ。赤谷では放棄された人工林を自然林に復元し、絶滅の危機に瀕する日本イヌワシの生息環境を改善して、森の炭素貯蔵量を増やす活動を進めてきた。日本自然保護協会はその成果としてCO_2固定量やイヌワシの餌場や繁殖の数、地域雇用を、重要業績評価指標（KPI）として報告している。生物多様性の保全と脱炭素をともに進めてインパクトを創出する活動にもHSBCは力を入れる。

アクサ、森林や海洋に投融資の機会見出す

　保険大手の仏アクサグループは、森林破壊に関して投資や保険引き受けを除外する方針を定めている。逆に、自然資本の保全や再生に寄与する投資や保険には積極的に取り組んでいる。４タイプの投融資を展開する。

　１つは森林への投資だ。2021年に15億ユーロを森林再生に投資し、先進国の森林管理プロジェクトや、植林、森林破壊回避などの自然を基盤にした解決策（NbS）を支援すると発表した。

　２つ目は再生農業への移行を進めるファンドの組成だ。アクサグループの一部門アクサ・クライメイトは2022年５月に、蘭ユニリーバや仏運用会社ティケハウ・キャピタルと共同で再生農業への転換を拡大する新ファンドの創設を発表した。３社がそれぞれ１億ユーロを投資し、他の投資家から資金を集めて10億ユーロのファンド運用を目指す。

　３つ目は保険商品だ。中南米で起きるサイクロンによるサンゴ礁の被害に対する保険などを提供している。衛星データで測定した風速に基づいて保険金を支払う仕組みで、保険金を瓦礫の除去やサンゴ礁の再生に使用できる。

　４つ目はブルーカーボンでの機会創出。損害保険のアクサXLは「ブルーカーボン・レジリエンス・クレジット」の創設に貢献し、生物多様性保全とCO_2吸収源である海洋を有望な投資分野とみている。

　アクサグループは2021年10月に、「生態系保護、森林伐採、自然世界遺産」に関する新しい方針を発表し、生態系に悪影響を与える企業への支援の

停止を明らかにした。

　投資ではパーム油や大豆、木材、牛肉の生産者に厳しい方針を設けている。持続可能なパーム油の認証を取得していない生産者や、土地の紛争や違法伐採を行っている生産者、森林破壊に重大な影響を与えている生産者には投資しない方針を掲げている。商品の仲介業者やバイヤーとのエンゲージメントも強化している。

　保険についても、森林破壊リスクのある事業の保険引き受けを制限している。建設や不動産分野に加え、大豆、牛肉、パーム油、木材などの事業で違法伐採や森林破壊リスクが高い場合や、リスクの高い国で操業する大豆、牛肉、パーム油、木材の仲介業者などだ。森林破壊リスクが深刻な場合は海上貨物保険の適用を禁止する可能性がある。

　アクサIMも、BNPパリバなどと共に開発したアイスバーグデータラボの「生物多様性フットプリント」を活用している。フットプリントを活用して、投資先企業がバリューチェーン全体で与える生物多様性への影響を測り、影響が大きい企業を特定してエンゲージメントを実施する。「アクサ気候・生物多様性レポート2022年版」では、生物多様性フットプリントを用いてTNFD試作版による開示を試みた。

保険で年率18％の増収見込むMS＆AD

アクサと同じく、保険の分野に自然・生物多様性の大きなビジネス機会を期待しているのが、MS&ADインシュアランスグループホールディングスの三井住友海上火災保険だ。同社は2022年6月から自然や生物多様性の保全や回復に貢献する保険商品の提供を始めた。自動車保険や船舶保険、火災保険などがある。

例えば船舶保険の「海洋汚染対策追加費用補償特約」は、船舶の油流失事故で海や沿岸が汚染した場合、船舶運航者が担う海の浄化や生態系の回復活動、現地対策本部の費用が支払われる。林業者向けの火災保険は再造林の費用を補填する。これまで対象外だった「自然の回復」に保険の範囲を広げた。

2022年11月には、昆明・モントリオール2030年目標の「30by30」にも貢献する企業緑地の保険とコンサルティングの提供を始めた。

同社の脱炭素とネイチャーポジティブ関係の保険料収入は2021年度に約100億円だったが、今後は年率18％の増収を見込む成長領域だとみている。

MS&ADをはじめ、損害保険ジャパンなど、国内保険大手は、TNFDの試作版を使ったパイロット開示にも参加してきた。

MS&ADはインドネシアの天然ゴム農園への投資を、損保ジャパンは北欧の洋上風力発電事業への投資を想定して、TNFD試作版による開示を試みた。その際、MS&ADは生産地の詳細なロケーション情報を得なければ自然のリスクを算出にくいことを実感した。例えば天然ゴム農園には小規模農園が多く、同じ地域であっても農園の場所によってリスクが異なる。これでは正確なリスク分析ができない。

そこでMS&ADは、琉球大学の久保田康裕教授と共同で、衛星画像から小規模農家の位置を洗い出し、同教授の持つ生物多様性情報と重ね合わせることで、種の数が多くて自然リスクが高い「優先地域」を割り出すことに成功

■ MS&ADインシュアランスグループの主な取り組み

・ネイチャーポジティブに資する保険を2022年6月に発売。海洋汚染時に自然の保全・回復活動費用を補償する船舶保険、林業者向けの火災保険など
・企業緑地の利活用コンサルティングと企業緑地保険をセットにした商品を2022年11月に発売
・TNFDの実証事業に参加。インドネシアの天然ゴム農園の投資に関与していると仮定し、リスクと機会を開示した
・企業に対し、自然に及ぼすインパクトを評価するサービスを提供するため、2022年11月にシンク・ネイチャーと協定締結

出所：MS&ADインシュアランスグループホールディングスの資料を基に日経ESG作成

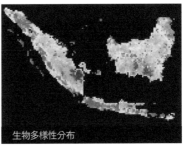

シンク・ネイチャーの分析イメージ。天然ゴム農園の位置を衛星画像とAIで特定（左）し、生物多様性情報（右）と重ねて、農園の重要度、事業のリスクと機会を分析する
出所：シンク・ネイチャー

した。これを基に天然ゴム農園の開発が自然に及ぼすインパクトを算出し、開示した。今後はこうした詳細な生物多様性のロケーション情報が重要になるとみて、グループ会社のインターリスク総研が久保田教授の立ち上げたベンチャー「シンク・ネイチャー」（那覇市）と共同で、業種に応じて自然との接点を把握してインパクトを評価するサービスの提供を始める。

自然金融の4社連合発足、ソリューションを提供

　欧米では自然・生物多様性分野の投融資が活発化している。その動きに遅れまいと、日本の金融4社が共同で、企業のネイチャーポジティブ実現を後押しする連合を発足させた。三井住友フィナンシャルグループ、MS&ADインシュアランス グループ ホールディングス、日本政策投資銀行、農林中央

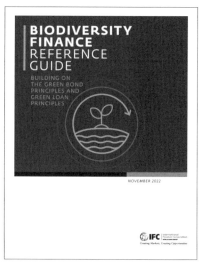

FANPSは、国際金融公社が発表した「生物多様性金融・参照ガイド」も参考にして、ソリューションのカタログをつくる
出所：国際金融公社

金庫の金融４社は2023年３月、企業のネイチャーポジティブへの移行を促す「ネイチャーポジティブ・ソリューションに向けた金融アライアンス（FANPS）」を立ち上げた。４社に加え、日本総合研究所、MS&ADインターリスク総研、日本経済研究所、農林中金総合研究所などのシンクタンクも参加し、自然資本に関する金融商品や、ボンドやローンの設計を検討していく。

　４社にとって中心的な取引先である国内企業の支援を狙う。「TNFDの開示対応はもちろんだが、具体的なソリューションを企業と共につくることを目指す」と農林中央金庫の総合企画部サステナブル経営室の野田治男氏は説明する。

　例えばTNFD開示の指標が出そろった時、水や土地利用をどのように計測するかを支援する。また、ネイチャーポジティブを実現するソリューションをカタログで示すことも予定する。例えば、湿地再生や雨水浸透策による水源涵養や、再生農業による土壌環境や水環境の改善などについて、どんな技

術やサービスがあるか情報を整理し、自然へのインパクトを減らすビジネスモデルや、自然の再生・回復技術を提案。その社会実装を支援するリンクローンやグリーンボンドなどのファイナンスについても企業に提示する。

国際金融公社（IFC）の「生物多様性金融・参照ガイド」には、どのような生物多様性の活動が資金使途になるかを記載しており、このガイドも参考にして今後１年かけてカタログを作る。科学的知見を持つ国立環境研究所とも連携する。

アセマネOne、運用会社初のTNFD試験開示

運用資産残高が60兆円の日本の資産運用大手アセットマネジメントOneは、生物多様性をテーマに企業とのエンゲージメントを進めている。飲料メーカーに対しては水資源に対する目標値の設定について対話、水産加工メーカーには資料調査や認証品の目標値の設定について対話した。同社はTNFDの試作版を使って国内株式資産全体の自然への依存度と影響、リスクと機会の分析に乗り出した。

分析の結果、「資源効率・再利用」「高効率・再生可能農法」「サステナブルな消費活動」などの解決策がネイチャーポジティブの機会になるとし、株式資産の60％以上がこれらの実現に寄与する技術を持っており、機会があることが分かった。

同社運用本部ESGマクロリサーチアナリストの矢野節子氏は、「現時点ではネイチャーポジティブへの移行を目的とするファンドは経済的価値を生みにくく、組成しづらいが、逆に言えば伸びしろがあるということだ」と指摘する。自然をビジネス機会にするには異業種連携が鍵を握るという。「イネーブラーな（特徴的な技術を持つ）企業と食品会社、メディアが連携して健康でスタイリッシュな食の分野が生まれたり、再生素材を使って分散拠点で製造する企業が登場したりするかもしれない。異業種連携によって生まれる新しい形態のビジネスに、自然のビジネスポテンシャルがあるとみて期待している」と矢野氏は話す。

■ アセットマネジメントOneの主な取り組み

● 生物多様性に関するエンゲージメントの事例

相手	対話と成果
飲料メーカーの取締役	水資源に対するKPI設定や水資源管理について対話した。水資源に関する中長期環境目標を公表し、水使用量原単位の削減目標の設定や、サプライチェーン上の水リスクの把握と軽減を表明した
水産加工メーカーの社長	MSCやASCなど水産物の認証取得を強化しているが、取り組みの進捗が見えづらい。水産物取扱量の把握と認証品のKPI設定について対話した。魚種別水産物取扱量に関する国際的な資源評価データベースを活用した調査結果を公表し、取扱量を開示した
建設機械メーカーのCEOとCFO	スマート林業を企業価値向上に資する取り組みと位置づけ、プロジェクト件数の増加について対話した。プロジェクトを拡大する方針を確認し、統合報告書でもスマート林業の目標と件数を掲載した

● 運用している国内株式総資産を分析、TNFD試作版で開示

● 国内株式総資産の自然との接点
・インドネシアのパーム油栽培、ブラジルの大豆栽培の森林伐採リスクが大きく、日本企業も数社が関連すると認識
・水ストレスが大きい主要5社の国内工場の11%が水ストレスが高い地域にあると特定

● 自然への依存と影響
・国内株式資産の40%が生態系サービスに強く依存する可能性
・国内株式資産の90%が自然資本に強く影響を及ぼす可能性

● 資産が抱えるリスクと機会
・移行リスク、物理リスク、システミックリスクにさらされている
・ネイチャーポジティブに向かうソリューションとして「資源効率・再利用」「高効率・再生可能農法」「サステナブルな消費活動」に注目、株式総資産の60%超がそれらへの移行を可能にする技術を持つと評価
・リスク管理の方法として、議決権行使、エンゲージメント、アクティブ運用での除外基準を設定

出所：アセットマネジメントOneの資料を基に日経ESG作成（2点とも）

インパクト測定に乗り出す、りそなアセット

　運用資産残高34兆円のりそなアセットマネジメントは、早くから国際的なイニシアティブに参加し、共同エンゲージメントに加わってきた。

　国内企業に対しては、生物多様性・森林破壊防止のテーマで2021年度に32件のエンゲージメントを行ったという。

海外企業に対しては国際的な共同エンゲージメントに参加している。その１つが、畜産・養殖関連企業の持続可能性を評価する「FAIRR」だ。英資産運用会社コラーキャピタルの創業者が立ち上げ、英アビバ・インベスターズなど200以上の投資家が参加するイニシアティブだ。りそなアセットマネジメントが参加しているのは、食品産業23社に対して植物・代替たんぱく質製品への移行について開示を求めるエンゲージメント。もう１つはサケ養殖業者８社に対して持続的な事業のためのリスクの把握を求める共同エンゲージメントだ。

　衛星画像を使用した森林破壊に関する共同エンゲージメントにも参加している。蘭運用会社アクティアムが提携するリモートセンシング企業が森林破壊に関する衛星画像を提供する。その衛星画像データを活用して約20社を対象に共同エンゲージメントを展開している。

　同社はパーム油のエンゲージメントにも力を入れてきた。2017年から、パーム油に関する国連PRI（責任投資原則）の共同エンゲージメントにも参加。パーム油に関係する投資先企業をリストアップし、サプライチェーン川下の小売企業から対話を始め、川上の食品や化成品、製油の企業へとエンゲージメント対象を広げてきた。トレーサビリティの確保、持続可能なパーム油の使用、目標と実績の開示を求め、「RSPO認証油の購入や、調達方針にNDPE（森林破壊ゼロ、泥炭地開発なし、搾取なし）原則を盛り込むことも勧めている」と、りそなアセットマネジメントの執行役員で責任投資部長の松原稔氏は言う。

　りそなアセットは、自らのESG投融資が社会にもたらす価値を金額換算した「インパクト評価」の開示も始めた。実際に購入（投資）したESG債で、温室効果ガス排出量の削減／回避、土地改善・森林再生、雇用創出でどの程度のインパクト（社会的価値）を生み出したかを算出している。

　温室効果ガス排出量の削減／回避のケースでは、温暖化による建築コスト増や農業・土地の生産性の損失、健康被害を回避することで生まれる社会的費用を計算した。土地改善・森林再生の場合は、1haの森林の再生で生まれ

た木材提供や炭素固定、レクリエーションなどの生態系サービスが経済・健康・文化の価値をどの程度創出したかを複数の研究データから計算した。

「金額の算出にはまだ課題があるが、企業などの発行体が考えるインパクトと、我々運用会社が考えるインパクトのギャップを解消するのが目的だ」と松原氏は話す。「発行体と我々の考えを突き合わせることで、本質的な対話ができることを狙っている。例えば森林再生に必要だと考える年数は、発行体と我々では異なったりする」(松原氏)。自然・生物多様性の分野ではこうした対話がいっそう重要になる。

三井住友信託銀行、融資でもインパクトを測定

三井住友信託銀行もインパクトの定量評価を行っている。同社は2013年から「自然資本格付け融資」を開始した、自然資本関連の先駆的な金融機関だ。企業が経営や調達で自然資本に配慮しているかを格付けし、格付けの高い企業には金利を優遇して融資する。格付けを行うために企業が水や土地、大気などの自然資本に及ぼす負荷をサプライチェーンで算出するツールをあ

■ りそなアセットマネジメントのパーム油のエンゲージメント

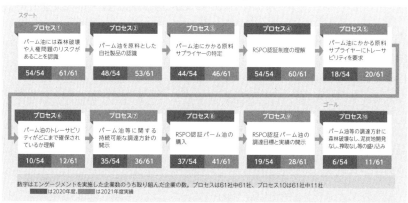

パーム油のサプライチェーンに関わる日本企業に対して2017年からエンゲージメントを実施してきた

出所：りそなアセットマネジメント

わせて活用してきた。

　同社は、国連環境計画金融イニシアティブ（UNEP FI）が提唱した「ポジティブ・インパクト金融原則」に沿った世界初の「ポジティブ・インパクト・ファイナンス」を2019年3月に実施した。融資先は不二製油グループ本社だ。

　ポジティブ・インパクト・ファイナンスは、資金提供を通じてSDGs達成へのプラスのインパクト（効果）を増大させるもので、SDGsへの貢献を定量的に示せる企業に融資する。不二製油に融資した決め手の1つは、同社がパーム油の調達方針に「森林破壊ゼロ、泥炭地開発なし、労働搾取なし（NDPE）」原則に基づく目標を定め、農園の労働者が人権侵害を訴える「苦情処理メカニズム」を設置し、その登録件数やトレーサビリティ達成率をKPIにしていることだった。インパクトを定量的に評価できると判断した。

　ポジティブ・インパクト・ファイナンスでこれまで41社に融資した。その中では自然・生物多様性関係のKPIを設けている例も少なくない。日本製紙の生物多様性に配慮した原材料調達では、製紙原料の森林認証取得率や、環境配慮製品の売上高をKPIにした。住友林業の生物多様性に配慮した木材・資材調達では、森林認証面積や木造建築炭素固定量などをKPIにした。

みずほ銀行がサステナビリティ・リンク・ローン

　融資でも自然や生物多様性の取り組みを考慮する動きが出てきた。

　みずほ銀行は2021年2月、ツナ缶最大手の水産加工会社タイユニオンに1億8300万ドルのサステナビリティ・リンク・ローンを組成した。みずほ銀行と三菱UFJ銀行などがアレンジャーのシンジケートローンで融資期間は5年である。

　サステナビリティ・リンク・ローンは、企業がESGの目標を定め、その達成度と金利を連動させるローンだ。特徴的なのは、今回のローンの目標に違法漁業防止策の目標を設定したことだ。違法漁業は天然の水産資源の減少を加速させ、海の生物多様性を脅かす。同ローンは、カメラやGPS（全地球測

■ みずほフィナンシャル・グループの環境・社会に配慮した投融資の方針

セクター横断的な禁止・留意事項			
禁止	・ラムサール条約指定湿地・ユネスコ指定世界遺産への負の影響を与える事業 *1 ・ワシントン条約に違反する事業 *2 ・児童労働・強制労働・人身取引を引き起こしている事業	**留意**	・先住民族の地域社会への影響を与える事業 ・非自発的住民移転につながる土地収用を伴う事業 ・紛争地域における人権侵害を引き起こしている事業など

移行リスクセクターに対する取組方針（抜粋）

石炭火力発電、石油火力発電、ガス火力発電、石炭鉱業、石油・ガス、鉄鋼、セメントセクターが対象

エンゲージメントを積極的に実施。移行リスクへの対応状況を年に1回以上確認。初回エンゲージメントから1年を経過しても、移行リスクへの対応意思がなく、移行戦略も策定されない場合には、取引継続について慎重に判断

特定セクターに対する取組方針（抜粋）

兵器	・クラスター弾に加え、対人地雷・生物化学兵器を製造する企業への投融資等は行わない
石炭火力発電	・石炭火力発電所の新規建設・既存発電所の拡張を資金使途とする投融資等を行わない
石炭採掘（一般炭）	・新規の炭鉱採掘（一般炭）・既存炭鉱の拡張（一般炭）を資金使途とする投融資等を行わない
石油・ガス	・環境に及ぼす影響および先住民族や地域社会とのトラブルの有無などに十分注意を払い取引判断を行う ・北極圏での開発や、オイルサンド、シェールオイル・ガス開発については、適切な環境・社会リスク評価を実施
大規模水力発電	・環境に及ぼす影響および先住民族や地域社会とのトラブルの有無などに十分注意を払い取引判断を行う
大規模農園（大豆・天然ゴム・カカオ・コーヒー等） パームオイル 木材・紙パルプ	・環境や社会的課題への対応状況や、国際認証の取得状況、先住民族や地域社会とのトラブルの有無などに十分に注意を払い取り引きを判断 ・FPICの尊重やNDPE等の方針策定を求めるとともに、取引先のサプライチェーンでも同様の取り組みがなされるよう、サプライチェーンの管理の強化や、トレーサビリティの向上を要請 ・パーム油セクターに対しては、RSPO認証の取得を求める ・木材・紙パルプセクターに対しては、高所得OECD加盟国以外の国で行われる森林伐採事業に投融資などを行う際には、FSC認証またはPEFC認証を求める

*1: 当該国政府およびUNESCOから事前同意がある場合を除く *2: 各国の留保事項に配慮 *3: RSPO:持続可能なパーム油のための円卓会議

出所：みずほフィナンシャル・グループ

位システム）、センサーに加え、監視員を乗船させて違法漁業を防止するモニタリング機能を有する漁船からの原料調達比率を増やすことを目標に設定した。

世界では水産資源の約3割が乱獲され、違法漁業や船上で働く漁業者の人権侵害が問題になっている。この課題を解決し、持続可能に水産物を調達することが、海の生物多様性保全に寄与する。

みずほホールディングスは、2022年4月にサステナビリティ基本方針を策定した際、投融資における環境や人権配慮を掲げ、その中に自然資本の重要性も盛り込んだ。

同社はファイナンスや顧客とのエンゲージメントを通じて自然へのポジティブなインパクトを拡大させ、ネガティブなインパクトを低減するよう取り組んでいる。ポジティブな取り組みには、2022年9月にマルハニチロが発行した日本初のブルーボンドがあり、みずほ証券が主幹事を務めた（114ページ参照）。国連環境計画金融イニシアティブ（UNEP FI）の「ポジティブ・

インパクト金融原則」に基づく融資も行っている。例えば味の素には、紙やパーム油、大豆などの持続可能な調達比率を2030年に100%にする目標を設定して融資した。

年間2300件のエンゲージメント

みずほは2021年度に約2300社とエンゲージメントを実施した。このうち、ソリューションを提案してファイナンスにつながったのが約1300社。残り1000社はネガティブなインパクトを低減するためのエンゲージメントだ。生物多様性や水資源に関わるエンゲージメントも含まれる。

例えば、パーム油関連企業に対し、森林保全状況や泥炭地の管理、認証取得状況、人権配慮などを確認する。

同社は「環境・社会に配慮した投融資への取り組み方針」を策定し、「セクター横断的な禁止事項」や、「特定セクターに対する取組み方針」を定めている。セクター横断では、ラムサール条約指定湿地やユネスコ指定世界遺産に負の影響を与える事業やワシントン条約に違反する事業を禁止している。

特定セクターに対する方針として、大規模農園（大豆・天然ゴム・カカオ・コーヒーなど）や、パーム油、木材・紙パルプについて方針を定めている。そこには、「森林減少禁止、泥炭地開発禁止、搾取禁止（NDPE）の方針策定」や、「トレーサビリティ向上」「RSPO認証取得」「FSCやPEFC認証取得」などを明記し、かなり踏み込んでいる。方針は毎年経営会議で議論して改定する。自然・生物多様性に関する投融資方針は強化する方向だという。

第一生命、グリーンボンド発行を仕掛ける

第一生命保険は、英アングリアン水道会社が発行した生物多様性をテーマにしたグリーンボンドに2021年に39億円を投資した。このグリーンボンドは第一生命がアングリアン水道会社に発行を促したもので、利回りは1％強、発行額の全額を第一生命が購入した。

アングリアン水道会社は上下水道の建設・運営管理を行う企業で、地域の

水質悪化を経営課題としていた。ただ、生物多様性保全への意識が高く、淡水魚類の数を10％改善するというKPIも設定していた。

　彼らが目指す生物多様性の目標と第一生命の目指す投資の方向性が一致したため、資金使途やKPIを共に設定して発行に至った。湿地を活用して処理水を浄化する施設の整備や、自然の川の復元などに資金を充てる。

　第一生命のESGテーマ型投資は2021年度に19年度から倍増し、1兆3000億円になった。「生物多様性の分野は大きなムーブメントになると考えている。自然資本も内包した気候ソリューションを2024年度に9500億円に引き上げる」と責任投資推進室シニア・ESGアナリストの井上直之氏は同分野に期待する。今回のグリーンボンドのように、自然・生物多様性関係の金融を投資家自らが企業に提案して仕掛ける例も増えそうだ。

　年間最大10兆ドルの市場を巡り、金融業界では早くも競争が始まっている。

ロベコとラボバンクに食と生物多様性を聞く
トレーサビリティ情報を開示してほしい

——欧州では食のサプライチェーンに投資家や金融機関の関心が高まっている。背景には何があるか。

ロベコのヴァン・デル・ワーフ氏　食料生産は環境に大きな負担をかける。農地開発は森林破壊につながり、生物多様性にも影響を与える。例えば大豆を生産して水産養殖の餌に使えば、陸上ばかりか海洋の環境にも影響を及ぼす。ロベコはサステナビリティや生物多様性が守られているかに高い関心を持っている。

ラボバンクのマーティン・ビアマンス氏　ラボバンクは食品・農業向けの融資や金融サービスを行う金融機関だ。我々は気候変動問題は食料生産と直結していると考えている。最も懸念しているのは、食のサステナビリティを実現しないと人類の存続にかかわるということだ。2050年に世界人口は100億人に迫り、食料不足が心配される。早急に対応しなければならない。

サステナブル・ファイナンス活用

——「持続可能な食」への投融資やエンゲージメントは増えているか。

ヴァン・デル・ワーフ　ロベコの運用資産残高は1550億ユーロで、約6000社に議決権行使をしている。気候変動や人権・労働などESG全般にわたってエンゲージメントをしている。気候変動問題が中心だが、食のサプライチェーンのテーマも増加している。約10%が食料関係だ。世界最大級の水産会社であるタイユニオンに現代奴隷対策を求めるエンゲージメントを実施したり、ノルウェーのサーモン生産会社モウイに責任ある養殖のエンゲージメントを実施した。

ビアマンス　ラボバンクは早くから、食料・農業関係の債券や融資にサステナブル・ファイナンスを取り入れてきた。2007年にグリーンボンドを発行したのが始まりで、この分野の先駆者だった。2017

年には「サステナビリティ・リンク・ローン」も開始した。融資を受ける企業は目標を重要業績評価指標（KPI）として達成しなければならない。達成すれば低い金利が適用される。

　既に当行のローンの10%がサステナビリティ関連で、急速に伸びている。いずれ100%に近づくだろう。サステナブル・ファイナンスによる貸し出しは数百件、100億ドルに上る。

――EUは「欧州グリーンディール」の柱として、食のサプライチェーンを持続可能にする「農場から食卓まで」戦略を策定した。

　ヴァン・デル・ワーフ　新しい枠組みは企業にとって価値になるか障壁になるか、日々の事業をどうするかを我々は企業に質問し、投資判断に使ってきた。EU戦略が農業関連企業の助成金や融資にどう影響するか注視している。CO_2のさらなる削減や、代替たんぱく、新しい食文化の創出の必要性を感じて既に動き出した企業もある。ロベコは農場から食卓まで戦略のトレンドをしっかりつかめる企業に投資していく。

昆虫が未来の食の鍵に

――持続可能な食の1つとして、肉を大豆などの植物で置き換えた「代替肉」が注目を集めている。しかし、肉を植物で代替すればCO_2は削減できても、生産地拡大が森林破壊を引き起こす。気候変動と生物多様性のバランスの取り方が難しい。食料システムのある

ピーター・ヴァン・デル・ワーフ氏
ロベコ シニア・エンゲージメント・スペシャリスト

べき「変革」はどのようなものか。

ビアマンス　私はずばり昆虫が鍵を握ると考えている。既に水産業では昆虫を魚の餌に使うことが盛んに行われている。食のサプライチェーンの変革に昆虫が大きな役割を担う。

ヴァン・デル・ワーフ　私は食料システムに生物多様性を組み込まなければならないと考えている。SDGsの目標14は「海の豊かさ」だが、人類はあまりにも魚を乱獲してきた。鍵となるのは養殖だ。しかし、サーモンの養殖は小魚を餌として与えるため天然資源を消費し、持続可能ではない。今後、昆虫をはじめさらなる研究開発が必要だろう。

食生活の変革も必要だ。2019年に国連食糧農業機関（FAO）と世界保健機関（WHO）は「持続可能で健康な食生活」の原則を発表した。健康でサステナブルな食生活を実現できれば肉の消費量を減らせる。野菜や果物を取るアジアの食生活に見習うべきところがある。

健康な食生活を実現できれば、SDGsの目標14「海の豊かさ」と目標15「陸の豊かさ」を解決できる部分がある。食品会社には、人々の食生活を変える取り組みをしてもらいたいと伝えている。

——食品関連企業とのエンゲージメントでは、代替肉や昆虫の活用も質問しているのか。

ビアマンス　「御社の戦略はどのようなものか、5〜10年後にどんな目標を実現したいか」など、もっと大枠を質問している。戦略を答

マーティン・ビアマンス氏
ラボバンク サステナブル・キャピタル・マーケット責任者

えられない企業は融資の価値があるのか考えなければならない。

　ヴァン・デル・ワーフ　ロベコは食肉加工業界にアプローチしている。代替肉の開発スピードは速く、新規上場企業も出てきた。まさにイノベーションの花盛り。代替肉を生産するベンチャーキャピタルを買収し、自社内に取り込んだ食肉加工会社もある。そうすることで自社製品のCO_2を削減できる上、リスクも分散できる。

　新型コロナウィルスの蔓延によって製造ラインをストップせざるを得ない大手食肉加工業者もあったが、代替肉を生産している企業はそちらにシフトもできた。何が起きても俊敏に対応できるのはレジリエンスであり、投資判断の重要な要素になる。

ベンチマークやインデックスは対話の出発点

――自然関連財務情報開示タスクフォース（TNFD）開示が始まるが、企業の自然に関するどのような情報が必要か。

　ヴァン・デル・ワーフ　トレーサビリティ情報だ。生産された食べ物がどこで調達されたかを知りたい。原産地が分かれば生物多様性にどんなインパクトを与えているか分かる。

　ロベコは2020年9月の国連総会で発足した「生物多様性のための金融誓約」に署名した。生物多様性の目標を資産運用に盛り込み、企業の生物多様性へのインパクトを評価して投融資に反映するという誓約で、2024年までの実施を宣言した。トレーサビリティの情報が必要だ。

　ビアマンス　私も同様だ。どこでどれくらい自然に依存しているのか。トレーサビリティ情報を開示してもらえば、与信に使える。

――世の中には多くのESGのインデックスやベンチマークがある。企業はそれらすべてに対応しなければならないか。

　ヴァン・デル・ワーフ　ロベコグループはダウ・ジョーンズ・サステナビリティ・インデックス（DJSI）もつくっている。企業にアンケートを送り、回答を評価するものだ。DJSIの評価項目は600と広範囲

で、ガバナンスを評価するだけならこれで十分だろう。

一方、ロベコはSDGsへの貢献を測る世界標準のベンチマークをつくる「ワールド・ベンチマーキング・アライアンス（WBA）」にも加盟し、そのインデックスも活用している。例えば食品関係では「シーフード・スチュワードシップ・インデックス（SSI）」や「食料と農業インデックス」がある。水産業ならSSIを使うと深掘りして評価できる。

1つのインデックスで全業界を横並びに比較できるものはなく、インデックスごとに強みも弱みもある。様々なインデックスを組み合わせ、補完して使っているのが現状だ。

評価したい業界に最適なベンチマークを選び、自社のリサーチと組み合わせて評価し、結果を投資先企業にも提示する。「このインデックスで使われているメソドロジーは当社のビジネスと合致していない」と文句を言う企業もあるが、企業と議論する出発点になることが重要だ。「今年はこういうスコアだったが、来年はもっと良くしよう」というようにね。

ビアマンス　ラボバンクも様々なリサーチやインデックスを組み合わせて企業の全体像を見ている。WBAのベンチマークは非上場企業も評価している点が使い勝手がよい。情報を全く開示しないプライベートカンパニーもあるので、食料・農業のサプライチェーン全体を見るのに役立っている。

——日本の食品企業が改善すべき点は何か、逆に強みは何か。

ヴァン・デル・ワーフ　改善すべき1点目は情報開示だ。欧州、米国、東南アジアの企業はサステナビリティのアンケートを送ると細かなデータを開示する。しかし日本企業は、たとえ取り組みをしていても情報開示が足りず、格付けが低くなる。特に非上場企業は最低限の情報開示さえしない場合がある。

2つ目は、どんな指標で追跡しているか明確にすること。適切な指標を使い、これはできている、これはできていない、来年これをできるようにする、と追跡できるようにしていただきたい。日本企業は本来こうしたプロセスが得意なはず。経営層がサステナビリティのチー

ムに指示を出して初めて実現する。経営層が音頭を取って積極的に進めてほしい。

ESG評価機関の動向

投資家連合が「自然」で企業を格付け

　1位は仏ケリング、9位にファーストリテイリング──。ESG評価機関が、自然や生物多様性の取り組みについて世界の企業の格付けに乗り出した。

　投資家イニシアティブの「ワールド・ベンチマーキング・アライアンス（WBA）」は2022年12月、企業の自然への取り組みを評価する「自然ベンチマーク」に基づくランキングを発表した。WBAには、英アビバ・インベスターズや北欧ノルデア銀行、蘭ロベコ、PRI（責任投資原則）、CDPなど300団体が参加し、運用資産総額は10兆ユーロに上る。市場で大きな影響力を持つ。

WBA、世界1000社の自然対応をランキング

　WBAは、SDGsの達成に必要な「変革」を起こせるかを視点に、世界の主要2000社を7分野で評価するベンチマークを開発するアライアンスだ。「脱炭素とエネルギー」「食料と農業」「デジタル」「都市」「社会」「金融システム」に加え、「自然と生物多様性」の分野で企業を評価する。

　2022年から23年にかけてまず1000社を評価する。2022年に評価したのはアパレルや化学などの400社。日本企業35社も含まれる。評価の結果、1位はグッチなどのブランドを傘下に持つ仏ケリング。日本企業はファーストリテイリングが9位に入り、ブリヂストンの28位、積水ハウスの41位と続く。2023年には小売り、食品・飲料、林産物の企業の評価を発表する。

　WBAで自然ベンチマークの開発を主導したヴィッキー・シンズ氏は、「COP15で決議された2030年目標は、いわば自然分野のパリ協定。この目標達成のために金融が果たす役割は大きく、企業の説明責任を高めたいと自

■ 2022年WBA「自然ベンチマーク」のランキング

位	企業名	業種
1	ケリング（仏）	アパレル
2	ノルスク・ハイドロ（ノルウェー）	金属
3	ニューモント・マイニング（米）	鉱業
4	リオ・ティント（英）	鉱業
5	ヴァーレ（ブラジル）	資源
6	モンディ（英）	製紙
7	アクシオナ（スペイン）	建設・エンジニアリング
8	テック（カナダ）	天然資源
9	ファーストリテイリング（日本）	アパレル
10	ノバルティス（スイス）	医薬品
11	インディテックス（スペイン）	アパレル
12	ホルシムグループ（スイス）	セメント
13	ギルダン・アクティヴウェア（カナダ）	アパレル
14	シバニェ・スティルウォーター（南ア）	鉱業
15	バイエル（独）	医薬品
15	サノフィ（仏）	医薬品

注：2022年の評価対象業種は、アパレル、タイヤ、建設・エンジニアリング、医薬品・バイオテク、化学、金属・鉱業、容器包装、建設資材。評価対象企業にはブリヂストン、積水ハウス、大塚製薬、旭化成、JFEホールディングスなど日本企業35社が含まれた。2023年の評価は小売り、食品・飲料、農産物、エレクトロニクス、石油・ガス、商社、一般消費財・家庭用品、紙・林産物の企業

出所：ワールド・ベンチマーキング・アライアンス（WBA）

■ WBAは7つの分野でベンチマークを開発

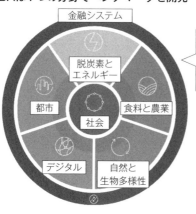

アビバ、アムンディ、ロベコ、フィデリティなどの投資家に加え、PRI、CDP、WBCSDなど300以上が賛同。運用資産総額は約10兆ユーロ

ワールド・ベンチマーキング・アライアンス（WBA）は、SDGs達成に必要な変革を起こせるかを視点に、7つの分野で世界の主要2000社の企業パフォーマンスを評価・比較するベンチマークを開発中。その1つが「自然ベンチマーク」

然ベンチマークを開発した」と話す。

　注目すべきは、この自然ベンチマークの評価ポイントが、生態系に及ぼす影響や依存度だけではなく、気候変動、水やプラスチックの汚染、外来種対策、人権対策など43指標にも及ぶ点である。自然を気候変動や資源循環、人権とも関係する包括的なテーマだと捉えている。

　ファーストリテイリングについては、「水や汚染、温室効果ガス排出で高いスコアを出した。侵略的外来種への影響を特定した数少ない企業の1つでもある」（シンズ氏）という。ウェブサイトで原材料別に自然に与える影響と依存度を開示している点も評価された。

　評価結果は「生物多様性のための金融誓約」に署名した金融機関が活用を検討しているという。同誓約の署名機関は111機関、運用資産総額は16兆ユーロに上る。日本では、りそなアセットマネジメントが署名している。今後、企業とのエンゲージメントの際にもこのベンチマークの結果が使われるだろう。

CDPは質問書を統合する方向へ

　多くの企業にとって気になるESG評価はCDPだろう。CDPは機関投資家の依頼を受けて、企業に毎年、環境に関する質問書を送り、その回答を採点してA〜Dで格付けするプロジェクトだ。賛同する投資家は2022年に680以上、運用資産総額は130兆ドルに上る。回答結果や格付け結果は、投資家の投資判断やエンゲージメントに活用される。

　CDPは従来、「気候変動」「水セキュリティ」「フォレスト」の3つのテーマに分けて質問書を企業に送付してきた。しかし、今後、「生物多様性」「土地利用」「海洋」「食料」「廃棄物」などのテーマを加えてこれらを統合した1つの質問書にしたいという意向を持っている。CDP Worldwide-Japanの榎堀都氏は、「各テーマは相互に関連しており、解決策がトレードオフになることもあれば、複数テーマを同時に解決することで効果が上がる場合もある」と統合の意図を話す。

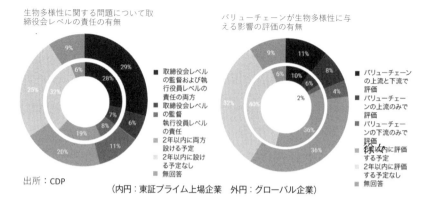

■ CDP2022の生物多様性の回答

生物多様性に関する問題について取締役会レベルの責任の有無

■ 取締役会レベルの監督および執行役員レベルの責任の両方
■ 取締役会レベルの監督執行役員レベルの責任
■ 2年以内に両方設ける予定
■ 2年以内に設ける予定なし
■ 無回答

バリューチェーンが生物多様性に与える影響の評価の有無

■ バリューチェーンの上流と下流で評価
■ バリューチェーンの上流のみで評価
■ バリューチェーンの下流のみで評価
■ 2年以内に評価する予定
■ 2年以内に評価する予定なし
■ 無回答

出所：CDP

（内円：東証プライム上場企業　外円：グローバル企業）

　統合は徐々に進める。その第1段階として、2022年の気候変動質問書に生物多様性の質問が初めて組み込まれた。また、金融セクター向けには、水と森林課題への対応に関する質問が加わった。生物多様性の質問書を独立に設けるのではなく、気候変動質問書の中に組み込んだのは、「生物多様性と気候変動の問題が切り離せないことからだ。まずはこの2つの統合を先取りした」と榎堀氏は言う。

CDPはTNFDと整合性を持たせる

　2022年に気候変動質問書に盛り込まれた生物多様性の質問は6問ある（45ページ参照）。取締役会レベルでの監督、バリューチェーンにおける生物多様性への影響の評価、生物多様性のコミットメントの有無、取り組みの成果をモニタリングする指標の有無、などだ。2022年は生物多様性の質問が加わった初年度だったため、生物多様性の回答は採点の対象外だった。

　CDP気候変動の日本の回答対象企業は、2022年度から東京証券取引所プライム市場上場企業全社（質問書の送付は1841社）に拡大した。回答の結果、2022年の気候変動のAリストには74社、水セキュリティのAには35社、フォレストのAには4社が選ばれた。3つのテーマでAを得た「トリプルA」

は世界で12社、日本では花王のみだった。

　生物多様性に関する対応の回答については、日本と海外で大きな差はなかった。取締役会レベルの監督や執行役員レベルの責任の両方があると答えた日本企業は252社と27.6％、どちらかだけある企業も加えると42.5％に上った。世界の企業では46.1％だったことから、大きな差はないと見られる。日本でも気候変動と自然資本の両方の課題認識が広がっていることがうかがえる。

　一方、バリューチェーンへの対応には少し差が出た。バリューチェーンで生物多様性への影響を評価しているかという質問については、「自社の上流と下流両方のバリューチェーンでの生物多様性への影響を評価している」という日本企業は92社（10.1％）。下流だけ、あるいは上流だけの企業も加えると17.4％に上った。世界ではこの数字は22.1％と日本より5ポイント多い。バリューチェーンのリスク評価は日本がやや遅れていることが分かった。

　2023年9月には、TNFD開示の枠組みが完成し、企業はそれに沿って「ガバナンス」「戦略」「リスクと影響の管理」「指標・目標」の柱で情報開示が求められる。CDPは質問書をTNFDと整合させていくという。現在、サステナビリティに関する情報開示では世界的な基準づくりが進んでいる。国際会計基準（IFRS）財団が設立した国際サステナビリティ基準審議会（ISSB）はサステナビリティ情報開示の国際的な統一基準づくりを進めている。ISSBは気候変動とともに自然の開示にも取り組むと明言し、その際、TNFDの枠組みをベースに基準を検討すると明かしている。昆明・モントリオール2030年目標、CDPの質問、TNFD開示、ISSBの方向性は統一されていくとみられる。自然の情報開示に対応することは、株主や顧客、地域社会から支持を得ることにつながる。

FAIRRは養殖・畜産、食のサステナビリティで格付け

　生産から流通、消費、廃棄に至る「食のサプライチェーン」で排出される

温室効果ガスは人為起源CO₂の約３割を占める。2019年に発表された「気候変動に関する政府間パネル（IPCC）」の「土地関係特別報告書」は、食料システムのCO₂排出量が大きいことを報告した。生物多様性の観点からも食料生産は課題が多い。「生物多様性及び生態系サービスに関する政府間科学-政策プラットフォーム（IPBES）」地球規模評価報告書も世界的に生物多様性が劣化していると警告し、原因の１つに農林水産業に伴う土地利用を挙げた。逆に持続可能な農業や養殖、畜産を行えば、在来種や品種の保護につながり、生物多様性の維持にもつながると指摘した。

日本は食料自給率が38％と低い。自国では大きな環境負荷を及ぼしていなくても、食品の輸入を通して海外のCO₂排出や生物多様性の損失、水不足を引き起こしている。

持続可能な食の注目が高まる中、食に関するインデックスや格付けも活用されている。畜産・養殖関連企業の持続可能性について評価し、格付けしているのが、機関投資家のネットワーク「FAIRR」だ。FAIRRは英資産運用会社コラーキャピタルの創業者ジェレミー・コラー氏が発足させたイニシアティブで、英アビバ・インベスターズや米カルパースなど75以上の機関投資家が参加している。運用資産総額は16兆ドルを超える。

FAIRRが評価するのは、「温室効果ガス排出量」や「森林破壊と生物多様性の損失」「抗生物質の使用」など９つのリスクと「持続可能なたんぱく質の創出」という機会の10項目。基準に基づいて世界の食肉・畜産関連の企業の格付けを実施している。

2022年の格付けでは、日本水産や日本ハムなど日本企業４社を含む大半の企業が厳しい評価を受け、リスクが高いと判定された。その中で、ノルウェー世界最大のサーモン養殖加工会社のモウイは、食の安全や抗生物質、森林破壊への対応でスコアを伸ばした。

代替肉などの代替たんぱくの場合、使用する大豆生産の環境負荷は畜産に比べて小さく市場機会も見込まれる。一方で大豆生産のための農地開発に熱帯雨林を伐採するリスクをはらむ。リスク低減と機会の創出、そのバランス

をとることが重要だ。

■ FAIRRによる2022年の畜産・養殖関連企業の評価スコア

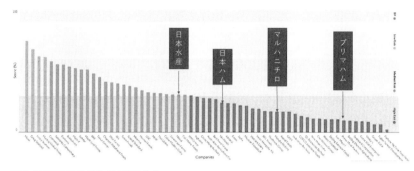

出所：FAIRRの資料を基に日経ESG作成

WBAに聞く 環境や社会のスコア
社会を変える「変革」を評価する

——WBAは、ESG評価の世界標準となるベンチマークをつくるプロジェクトだ。MSCIなど既存のESG評価機関の評価と何が違うか。

　ゲルブランド・ハーフェルカンプ氏　「ワールド・ベンチマーキング・アライアンス」という名前の通り、我々は世界の主要企業2000社を評価する世界標準のベンチマークをつくるプロジェクトを進めている。このアライアンスには英保険大手アビバやオランダ公務員年金基金の運用機関APG、北欧のノルデア銀行などの機関投資家をはじめ、国連財団、CDP、持続可能な開発のための世界経済人会議（WBCSD）などが参加し、多様な団体を巻き込んでいることが特徴だ。

　MSCIなどの評価や分析結果は有料で提供されているが、WBAはNPOであり、評価結果を誰もが無料で見られる。評価のメソドロジーも公開している。何より重要なのは、WBAの評価はESGのリスクよ

う点だ。企業の取り組みがSDGsにどれだけ貢献するかを評価するベンチマークをつくっている。

変革が必要な7つの分野

——企業のSDGsへの貢献は、どのように測るのか。

ハーフェルカンプ　評価のポイントは「変革」だ。SDGsは社会の仕組みを変えるトランスフォーメーション（変革）を求めている。我々は変革が必要な分野を「社会」「食料と農業」「脱炭素とエネルギー」など7分野に分類した。

「社会」では、人権配慮や労働条件の向上、女性活躍とエンパワーメントなどの変革を評価する。「食料と農業」では、世界の100億人に食料を提供するためには、生態系、水、海洋のシステムを守り、プラネタリー・バウンダリー（地球の限界）を超えないような食料提供の仕組みが必要であり、食料システムの変革を評価する。

——「脱炭素とエネルギー」の分野には、既にCDP気候変動がある。WBAの評価ポイントはCDPと何が違うのか。

ハーフェルカンプ　WBAの気候変動に関するベンチマークは、CDPと協力してつくっている。それを用いて世界の大手自動車メーカー25社の低炭素経営ランキングもに発表した。

自動車産業の場合、現在のCO_2排出量ではなく、自動車産業がどう変革するのかに我々は関心がある。投資、R&D、公共政策へのエンゲージメントがどう変わり、どうカーボンニュートラルを達成していくのか。現在のESGリスクではなく、今後10年の社会に及ぼす影響を見るのがCDPとの違いだ。

投資やR&Dも評価項目

——具体的にはどんな項目を評価するのか。スコアリングの手法は。

ハーフェルカンプ　7分野にそれぞれパートナーがいて、共同で評価手法や指標を開発している。「社会」の人権ベンチマークは、「企業人権ベンチマーク（CHRB）」がパートナーで、指標に基づく企業スコ

アを2016年から公表している。

「脱炭素とエネルギー」ではCDPと仏環境エネルギー管理庁がパートナー。彼らが設立した「低炭素社会への移行イニシアティブ（ACT）」の評価手法を活用した。TCFDも協力している。ACTは科学に整合した温室効果ガス削減目標（SBT）に基づく評価を行っている。

利用するのはサステナビリティ報告書やアニュアルレポートなど企業の公開情報だ。データに抜けがあれば企業に追加情報の開示を求める。人権の評価では、評判リスクがないか、人権侵害の申し立てが実際になされていないかなど第三者の情報も見る。

シーフードに高まる関心

——「食料と農業」分野では、シーフードのインデックスもつくった。投資家の関心は水産にも広がっているか。

ハーフェルカンプ　そうだ。2016年にタイの水産現場で奴隷労働や人身売買が大問題になり、アビバ・インベスターズなどの投資家が労働組合と協力して調査を始めた。投資家の関心は食料のサプライチェーンの透明性に向かっている。その一角がシーフードである。

WBAは「シーフード・スチュワードシップ・インデックス」という指標を開発した。水産企業のマネジメントとガバナンス、サプライチェーン、生態系維持、人権と労働条件、地域社会など5分野48指標で評価する。評価する世界の水産企業は350社。このうち主要プレイヤーであるトップ30社のスコアとランキングを発表している。

——30社の中には日本企業も6社入っている。スコアは概して低い。何が原因か。

ハーフェルカンプ　1つは、外国企業に比べてステークホルダー・エンゲージメントの経験が浅いこと。欧州やタイなどの企業はこれまで持続可能性の取り組みに関して市民団体との長い対話の歴史があったが、日本企業はNGOとの対話が少なく、開示や透明性が低い。

2つ目は、日本企業の構造的な問題だ。特に大企業がそうだが、世界中に多くの子会社があり、持続可能性に関する戦略で一貫性に欠け

るところがある。例えば日本水産は強力な持続可能性の戦略を持っているが、子会社が90社あり、戦略を実行に移すのに時間がかかる。戦略が実行されればスコアはもっと向上するだろう。

——WBAのベンチマークは、誰がどのように活用するか。

　ハーフェルカンプ　企業による活用を期待している。企業には持続可能な経営のためのガイダンスが必要で、WBAの結果を改善に使ってもらいたい。そのためにも公開情報であることが重要。従業員も顧客も投資家も社会一般も皆が知っているからこそ経営者も取締役会も真剣に取り組む。

　WBAのデータは投資家も活用している。既に議決権行使や企業とのエンゲージメントに活用している投資家もある。一般市民も知る必要がある。支払った年金の基金がどんな企業に投資しているか、そしてそれらの企業の持続可能性パフォーマンスはどうなのか。WBAはそれを可視化している。

ゲルブランド・ハーフェルカンプ氏
ワールド・ベンチマーキング・アライアンス
(WBA)事務局長
写真：木村輝

CDPに「統合質問書」を聞く
生物多様性・プラスチック・土地利用を取り込む

——CDPは、2022年の気候変動質問書に生物多様性の質問を組み込んだ。将来的に、CDPは、気候変動、水セキュリティ、フォレスト、生物多様性などを組み込んだ「統合質問書」にすると聞いているが本当か。

トーマス・マドックス氏　CDPは2021年に新しい戦略を打ち出し、質問の範囲を広げることにした。気候変動、水セキュリティ、フォレストに加え、環境のすべての項目を入れようと考えた。生物多様性だけでなく、廃棄物、土地利用も追加する予定だ。

ただし、他の報告・開示関係の団体と互換性があるようにしたいので、彼らと議論している。我々が評価したいのは、地球の限界「プラネタリーバウンダリー」で指摘している9領域（気候変動、大気エアロゾルの負荷、成層圏オゾン層の破壊、海洋酸性化、淡水の変化、土地利用の変化、生物圏の一体化、窒素・リンの生物地球化学的循環、新規化学物質）だ。

——新しい質問書はどんな構造になるか。

マドックス　9領域をすべてはカバーできない。まだ初期段階だが、生物多様性、プラスチック利用、土地利用（森林以外）の3つの環境目標は追加できそうだ。最初の一歩として、生物多様性を2022年の気候変動の質問に盛り込んだ。2023年は生物多様性に加え、プラスチックに関する情報開示も開始する。その次は土地利用になるのは間違いない。

——生物多様性やプラスチックの質問はどのように入ってくるか。

マドックス　2022年は気候変動の質問書の中に生物多様性の質問を入れた。生物多様性について何を質問すべきか、CDP以外の団体と協議した。当初はフォレストの質問書に入れた方がよいという意見もあったが、森にインパクトを与えない企業は考えなくてよいのかとい

う疑問が出た。水セキュリティに入れる点でもそうだ。一方、大半の企業は気候変動について考えているので、気候変動の質問書に入れることになった。

　生物多様性は気候変動の質問書に入り、プラスチックは水セキュリティの質問書に入ってくる。

──生物多様性では、何を開示させたいか。

　マドックス　TNFD、SBTN、そしてCOP15で採択された昆明・モントリオール生物多様性枠組と整合性を取る。特に、TNFDの開示枠組みに従いたいと考えている。TNFDフレームワークは２つある。１つはLEAPアプローチに沿った開示で、企業が生物多様性とどこでどんな関係があるかを洗い出すもの。もう１つは市場に向けての開示だ。

　前者のLEAPは、企業にとってマテリアリティ（重要課題）をあぶり出すもので、すべての事業活動を開示しろとは言っていない。どれを開示すればよいかは企業に委ねられている。CDPはTNFDの枠組みに従いつつも、開示の幅をもっと広げたいと考えている。TNFDと連携するが、追加の質問をさらにすることになる。

　ただし、企業はすべてを網羅するにはリソースがないのも現状だ。どれが大切で、企業にとって取り組む原動力になるか、絶対に取り組むべきものを特定して答えてもらう形になるだろう。まだ、過渡期であり、今後も調整していく。

──投資家の意識は変わってきているか。

　マドックス　我々は10年前に森林や水セキュリティの質問を始めたが、気候変動に比べて意識は立ち遅れていた。現在は、生物多様性など気候変動以外の関心が明らかに高まっている。一方で、「何を知らないといけないか」をまだ分かっていない投資家もいる。投資家は生物多様性条約のCOP15での決議やTNFDのことをもっと知らなければならない。我々CDPは金融セクター向けに水と森林に関する質問も追加した。金融機関の約半分が森林伐採リスクを認識していることが分かった。CDPは質問書を通して、金融機関への意識の醸成にも努めたい。

トーマス・マドックス氏
CDPフォレスト・土地担当グローバルディレクター
写真：藤田香

第 **6** 部

TNFDや評価ツール、規制を知る

戦略など4つの柱での開示を提案

原口 真／TNFDタスクフォースメンバー、MS&ADインシュアランス グループ ホールディングス TNFD専任SVP

　自然関連財務情報開示タスクフォース（TNFD）は2022年3月、自然に関する情報開示の枠組みである「TNFDフレームワーク」の最初のベータ版（試作版）を発表した。

　TNFDは、企業や金融機関などの市場参加者が自然関連のリスクと機会を管理し、情報開示するための枠組みを開発するイニシアティブだ。企業などに自然に関する情報開示を促し、世界の金融の流れを自然にとってマイナスからプラスの状態に移行させることを目指している。

　TNFDは2021年6月に発足し、同10月から枠組みの開発に乗り出した。企業や金融機関のフィードバックを受けて枠組みを進化させる「オープンイノベーションアプローチ」を採っている。

TCFD、ISSBと整合性

　その第1弾が今回のベータ版だ。3つの主な要素で構成される。

　1つ目は、市場参加者が自然を理解するための基本的な概念や用語の定義。2つ目は、肝となるTNFD開示枠組みの草案。3つ目は、企業や金融機関が自然関連リ

■ TNFD枠組みのベータ版の構成

TNFDフレームワークベータ版
リリース v.01

市場参加者のための
自然を理解するための基本

情報開示に関するTNFDの提言
（草稿版）

自然関連リスクと機会を評価する
ためのLEAPプロセス

自然関連データに関する
全体像評価と提言

FAQ
内容 | 今後の評価作業

出所：TNFD, 2022
注：掲載した図はベータ版エグゼクティブサマリー
（日本語版）から一部用語を修正している

スクと機会を評価し、企業戦略やリスク管理プロセスに組み入れて報告や開示をする際に役立つ「ハウツー」ガイダンスだ。自然の情報は場所（ロケーション）にひもづいている。その評価を助ける「LEAP」と呼ぶガイダンスを付けている。

　TNFDは、気候関連財務情報開示タスクフォース（TCFD）と整合させることで、自然と気候の統合的な開示を促すことを意図している。様々なマテリアリティ（重要課題）の基準や規制要件に対して企業が開示できる柔軟性を持たせるため、国際サステナビリティ基準審議会（ISSB）が開発中のサステナビリティ基準のためのグローバルなベースラインと整合することも目指す。

　TNFDのベータ版の重要なポイントを4つ紹介する。

　1点目は自然の定義を明確にしたこと。TNFDは自然を陸、海、淡水、大気の4領域で構成されると定義した。金融の世界に資産が存在し、その資産が収益の流れを生み出すのと同様に、自然界も「環境資産」（森林、湿地、サンゴ礁、農地など自然界に存在する生物と非生物の資産）というストックで構成されている。生態系はこのストックの重要な構成要素だ。

■ 情報開示に関するTNFDの提言（草案）

ガバナンス	戦略	リスク管理	指標と目標
自然関連リスクと機会に関する組織のガバナンスを開示する。	自然関連リスクと機会が、組織の事業、戦略、財務計画に与える実際および潜在的な影響を、そのような情報がマテリアルな場合に開示する。	組織が自然関連リスクをどのように特定し、評価し、管理しているかを開示する。	関連する自然関連リスクと機会の評価と管理に使用される指標と目標を、そのような情報がマテリアルな場合に開示する。

推奨された開示
A. 自然関連リスクと機会に関する取締役会の監視について説明する。
B. 自然関連リスクと機会の評価と管理における経営者の役割について説明する。

「指標と目標」の推奨開示事項Bは、気候変動のスコープ1、2、3に該当するものだが、その概念が自然関連課題と整合しないためTNFDで継続検討中
出所：TNFD, 2022

推奨された開示
A. 組織が特定した、短期、中期、長期の自然関連リスクと機会について説明する。
B. 自然関連リスクと機会が、組織の事業、戦略、財務計画に与える影響について説明する。
C. 様々なシナリオを考慮しながら、組織の戦略のレジリエンスについて説明する。
D. 十全性の低い生態系、重要性の高い生態系、または水ストレスのある地域との組織の相互作用について説明する。

推奨された開示
A. 自然関連リスクを特定し評価するための組織のプロセスについて説明する。
B. 自然関連リスクを管理するための組織のプロセスについて説明する。
C. 自然関連リスクの特定、評価、管理のプロセスが、組織全体のリスク管理にどのように組み込まれているかについて説明する。

推奨された開示
A. 組織が戦略およびリスク管理プロセスに沿って、自然関連リスクと機会を評価し管理するために使用している指標を開示する。
B.【スコープ1、スコープ2、および必要に応じてスコープ3の温室効果ガス（GHG）排出量と関連するリスクを開示する。】＊　＊TNFDが応用を検討中
C. 組織が自然関連リスクと機会を管理するために用いている目標と、目標に対するパフォーマンスについて説明する。

＊本書注：試作第3版で変更があったので第3版を参照のこと

この資産が、清潔で安定した水の供給などの生態系の恵み、すなわち「生態系サービス」（フロー）の提供を支え、ビジネスに便益をもたらし、人々や社会が利用する財やサービスを提供する。「生物多様性」とは生態系資産の質、レジリエンス、量を維持するための、自然に関する特性だと見なす。

　2点目は、自然関連のリスクと機会を説明している点。企業は生態系サービスに依存し、環境資産や生態系サービスに対してプラスやマイナスの影響を与える。自然関連リスクとは、自然への依存関係や影響に関連して企業にもたらされる潜在的脅威だ。脅威に対処しなければ、資産の評価切り下げや、サプライチェーンのレジリエンス、評判や営業許可、需要の変化などに関連するリスクが発生し得る。企業のリスクは金融機関にとって金融リスクとなる。

　一方、TNFDは機会にも焦点を当てている。自然への影響を回避・軽減したり、自然の回復に貢献したりすることで、企業と自然の双方にとってプラスの状態を生み出す活動を「自然関連機会」と定義する。

バリューチェーンで自然を評価

　3点目は、これらを踏まえた情報開示の提言だ。サステナビリティ報告に統合的なアプローチが求められているため、TNFDの枠組み草案は、TCFDと同じ4つの柱、「ガバナンス」「戦略」「リスク管理」「指標と目標」で構成される（前ページの図）。

　例えばガバナンスでは「自然関連リスクと機会に関する取締役会の監視についての説明」などを推奨している。戦略では「自然関連リスクと機会が、組織の事業、戦略、財務計画に与える影響について説明する」ことを盛り込んだ。今後、シナリオに基づく説明も検討する。

　4点目は、戦略Dが示す、自然関連開示におけるロケーションの重要性の指摘だ。TNFDは、地域の生態系に業務が依存したり影響を及ぼすことで、自然関連リスクや機会が発生すると認識している。

　草案は、劣化している生態系や保護価値の高い生態系、水ストレスのある地域などに事業活動が関わっていれば、その業務の依存関係と影響を明らかにすることを求めている。

　このため、企業は開示を行う際に、直接的な業務や、関連する上流と下流のバリューチェーン全体にわたって、事業活動と自然の相互作用についてロケーションベースの評価を行う必要がある。これは企業にとって経験が乏しいアプローチであるためLEAPを提供した。企業が自然との接点や依存と影響を評価するためのツールとして利用できる。

　TNFDは2022年6月と11月、2023年3月にもアップデートしたベータ版を公開する予定。気候と自然の連関、シナリオ策定、開示範囲、社会的側面、「ネイチャーポジティブ」の定義、データと指標、セクター別ガイダンスなど残された課題を議論し、提案する予定だ。

　将来、サステナブル金融の資金を呼び込むためにも、日本の企業や金融機関から枠組み草案に多くのフィードバックがあると期待している。

TNFD試作第2版
指標や優先する業種を提案

原口 真／TNFDタスクフォースメンバー、MS&ADインシュアランス グループ ホールディングス TNFD専任SVP

　自然関連財務情報開示タスクフォース（TNFD）は、2022年6月、自然に関する情報開示の枠組みのベータ版（試作版）第2版を公表した。企業が自然を評価する際の指標や目標設定の方針を盛り込んだ点が特徴だ。

　TNFDは2023年9月に枠組みを完成させることを目指し、2022年3月に初の試作版を発表した。3つのコア要素として、「自然の概念や用語の定義」「枠組みの草案」「企業が自然関連のリスクと機会を評価・管理し、開示を助けるLEAPプログラム」を示した。枠組みの草案では、「ガバナンス」「戦略」「リスク管理」「指標と目標」の4つの柱で自然に関する開示を行うことを提案した。

■ ベータ版第2版で追加した部分

- 指標と目標の方法論（草案）
- 自然への依存関係と影響を測る指標に関するガイダンス（草案）
- 個別ガイダンスに関するアプローチ
- 金融機関向けLEAPの更新版

LEAPとは企業が自然関連のリスクと機会を評価・管理し、開示を助ける支援ツール

出所：「TNFD、2022年」の資料を基に日経ESG編集

■ TNFDが提案する優先セクター（非金融）

セクター	業種
食品・飲料	食肉、鶏肉、乳製品
	農産物
	アルコール飲料
	ノンアルコール飲料
	加工食品
再生可能資源と代替エネルギー	林業経営
	パルプ・紙製品
	バイオ燃料
インフラ	エンジニアリング・建設サービス
ユーティリティ	水道事業・水道サービス事業
	電気事業者・発電事業者

セクター	業種
採掘・鉱物加工	建設資材
	金属・鉱業
	石油・ガス（探査と生産）
ヘルスケア	バイオテクノロジー・医薬品
資源の変換	化学品
消費財	アパレル、アクセサリー、フットウエア
運輸	クルーズライン
	海運

出所：TNFD、2022年

第6部 TNFDや評価ツール、規制を知る

今回の第2版は第1版にいくつかの改善を加えた他、「指標と目標の構造についての草案」「自然への依存関係と影響を測る指標に関するガイダンスの草案」「個別ガイダンスをつくる方向性」「金融機関向けLEAPの更新版」などを追加した。

19業種のガイダンス開発へ

　TNFDの調査では、企業や金融機関が自社の自然関連リスクを管理するのに使えそうな指標は3000にも上る。指標は業種、地域、事業内容によって多様であり、TNFDはこれらを「評価指標」と呼ぶ。一方、機関投資家は、指標に明確性や単純性、比較可能性を求める。このため開示に用いる指標を「開示指標」と呼び、区別することにした。

　第2版は、評価指標の中でも特に自然への依存関係と影響を測る指標のガイダンスを示した。（1）影響要因に関する指標、（2）自然の状態に関する指標、（3）生態系サービスに関する指標があるとし、業界横断的な指標に絞って例示もした。（1）は転換された土地の面積や水使用量、（2）は種数や生息域、（3）は土壌保持量など、数十の指標を例示した。

　3月に公表された第1版に対しては、セクター別、自然関連問題別（自然との依存関係、影響、リスク、機会）、自然領域別（海、淡水、陸、大気）に個別の提言やガイダンスの開発を求める意見が多かった。そこで第2版は、セクター別の提言やガイダンスを開発するために優先するセクターや業種を提案した。

　TNFDにはこれまで世界から500件以上の意見が寄せられたが、日本からは金融からの数件だけ。特に優先セクターの企業は、自然との関係を理解し、負荷を減らす取り組みを進め、枠組みに意見を出してほしい。

依存と影響を測る指標を示す

原口 真／TNFDタスクフォースメンバー、MS&ADインシュアランス グループ ホールディングス TNFD専任SVP

　企業に自然のリスク管理や戦略などの開示を求める「自然関連財務情報開示タスクフォース（TNFD）」は、情報開示を行う枠組み「TNFDフレームワーク」を2023年9月に発表する。完成版の発表に向け、枠組みの試作版（ベータ版）を順次発表しており、企業や金融機関からフィードバックを受けて枠組みを更新している。初の試作版（ver0.1）は2022年3月、第2版（ver0.2）は6月に発表した。11月には第3版（ver0.3）を発表する予定だ。

　自然のリスクと機会を評価するためには、まず企業が自然にどれだけ依存し、影響を及ぼしているかを評価する必要がある。評価のためには指標が必要だ。そこで第2版は企業が自然を評価する際の「指標」や「目標」を設定するための方針を初めて盛り込んだ。指標の発表スケジュールは次ページの通りだ。第3版では自然と関連するリスクと機会の指標を発表する。この記事では、間もなく発表される第3版に備え、自然の依存や影響を測る第2版の指標について解説したい。

優先すべき地域を洗い出す

　TNFDは、企業がTNFDフレームワーク試作版を使って開示を試験的に行う「パイロットプロジェクト」を支援している。その期間を2023年6月1日まで設けている。

　企業が開示のために使えるツールとして、「LEAPアプローチ」も提供している。企業が自然との接点を発見し（Locate）、依存と影響を診断し（Evaluate）、リスクと機会を評価し（Assess）、開示を準備する（Prepare）という工程から成る。頭文字を取って「LEAP」と呼ぶ。

　6月に出た第2版では、試験的な開示を行う企業をサポートするため、LEAPアプローチの「L（発見）」と「E（診断）」を実施するための追加ガイダンスも発表した。

　「L（発見）」の追加ガイダンスでは、「優先地域」を特定する方法を示している。「リスクの高い生態系」は企業に重大な自然関連リスクをもたらす。その前提に基づいて、自然と企業価値の両方へのリスクが重大で、かつ最も直接的なリスクをもたらすと思われる地域に企業が優先的に目を向けるよう促している。

　優先地域の特定といっても、もちろん、その企業が関係する全地域で自然への重大な依存や影響を評価するという一般的なリスク分析アプローチを否定しているわ

けではない。

では、「リスクの高い生態系」とはどのような地域なのか。TNFDは以下の点からリスクの高い地域を特定するよう勧めている。

1つ目は「完全性の低い生態系」だ。これは劣化している生態系のことである。健全な生態系よりリスクが高いと判断できる。

2つ目は「生物多様性の重要性が高い生態系」だ。生物多様性上重要な地域や、生物多様性ホットスポット（多様な動植物が生息しているにもかかわらず、生態系が危機に瀕していて、優先的に保全すべきだと専門家や環境NGOが指定した地域）、保護地域、その他の国際的に認識されている重要地域などが当たる。こうした地域の生態系の健全性と回復力が低下すれば、リスクが増加する。

3つ目は「水ストレスのある地域」だ。利用可能な水の量や質が低下、あるいは水ストレスを経験している地域のことだ。

こうした地域を企業はまず特定し、その上で優先地域を以下のように特定することを提案している。

◎企業が事業継続のためにそうした生態系に依存しており、生態系の完全性が低いか重要性が高いと評価される地域。

◎事業による影響を受けやすい生態系で、生態系の完全性が低いか重要性が高いと評価される地域。

こうして、「優先地域」を洗い出すことを勧めている。

直接操業から評価する

優先地域を洗い出したら、次は「E（診断）」だ。第2版では初めて、付属文書1で、自然への影響と依存を測る「指標」と「目標」の草案を発表したと上述したが、その中で、企業や金融機関が自社の経営判断のために用いる社内的な「評価指

■ TNFDの業界横断的な指標の発表スケジュール

●評価指標		
自然への依存と影響の指標	TNFD試作版ver0.2	2022年6月
自然に関連するリスクの指標	TNFD試作版ver0.3	2022年11月
自然に関連する機会の指標	TNFD試作版ver0.3	2022年11月
応答の指標	TNFD試作版ver0.4	2023年3月
●開示指標		
コア指標	TNFD試作版ver0.4	2023年3月
追加的指標	TNFD試作版ver0.4	2023年3月

出所：TNFD、2022年の資料から抜粋

標」と、情報開示のために用いる対外的な「開示指標」を区別した。第2版では評価指標に関するガイダンスを提供した。

　それでは、自然への依存と影響を測る評価指標とはどのようなものか。依存と影響は相互に密接に関係している。例えば、飲料会社や農業会社が流域から水を取水すると、自然に影響を及ぼす。自社や他の水利用者が別の潜在的用途で水を利用できなくなるという影響も及ぼす。一方、企業は水に依存している。水は事業の重要なインプット（投入する資源）であり、最終的には事業のキャッシュフローを創出する。

　依存と影響は、時間の経過とともにダイナミックに変化する。流域から持続不可能なほど大量に取水し、自然に影響を及ぼしている場合、将来その流域で同レベルの取水量を維持できなくなる可能性がある。また、農業ビジネスに欠かせないハチなどの花粉媒介者が減るなど、ビジネスが依存する他の自然の側面にも影響を及ぼす可能性がある。

　そこで、TNFDは企業が自然への依存や影響を評価する際、「影響要因」に関する指標、「自然界の状態の変化」を見る指標、「生態系サービスの変化」を見る指標——の3種類の指標で包括的に評価することを推奨している。

　ある企業が特定の事業活動を行った結果、特定の影響要因が自然界の状態に変化をもたらし、その結果、生態系サービスが変化する。この変化は様々な利害関係者にリスクと機会をもたらす。

　一方、企業の特定の事業活動は特定の自然資本の特徴に依存する。自然の状態が変化すれば生態系サービスが変化し、コストや事業活動は影響を受ける。

　3種類の指標について解説する。

　第1が「影響要因」に関する指標だ。TNFDは企業に対し、重要な自然への影響を特定するよう求めている。影響要因には、「陸、淡水、海の利用変化」「資源利用」「気候変動」「汚染」「侵略的外来種」などがある。

　影響には、自然に及ぼすマイナスの影響とプラスの影響がある。例えば、林業会社は樹木を切ることで自然にマイナスの影響を与える可能性があるが、在来種の回復や動物の移動のための緑の回廊を維持することでプラスの影響を与えることもある。

　影響を測定するには、直接操業（事業サイトや、プロジェクトレベル、企業レベルなど）と、サプライチェーンの上流や下流（金融機関の場合はポートフォリオを含む）を横断的に評価する必要がある。

　直接操業の影響が大きい業種には、採掘業、漁業、養殖業、農業、林業などがある。直接操業の影響が大きい企業とそうでない企業とでは影響の特定へのアプローチが異なる。

　TNFDは、大半の企業にとって直接操業を超えて影響要因を評価することは困難だと認識しているため、企業はまず直接操業から生じる影響要因をしっかり理解し、それを広げていくことを勧めている。今後、サプライチェーン上の取引先と協働することで、時間をかけて上流と下流の活動への理解を深めることが必要だと提案し

■ 自然への依存と影響が、リスクと機会につながる

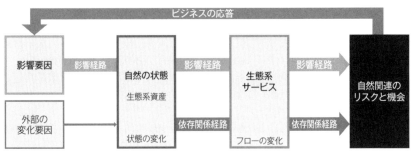

企業の自然への依存と影響が自然の状態を変化させ、生態系サービスに変化を及ぼし、リスクと機会をもたらす
出所：TNFD、2022年の資料を基に日経ESG編集

ている。

単一指標はなく、セットで見る

　第2が「自然の状態」の変化を見る指標だ。過去と将来の自然の状態の変化を評価することが重要だ。自然の状態を測定するのに世界的に標準化されたアプローチはなく、単一の指標で包括的に自然の状態の変化を評価することはできない。そこでTNFDは、指標のセットまたはダッシュボードを使うことを推奨している。

　生態系に関する指標と、生物種に関する指標がある。生態系に関する指標には、生息地の面積や生物種の数などがある。生物種に関する指標には、ある地域のある生物種の個体数や、企業の活動や圧力によって生物種が脅かされる絶滅リスクなどがある。ある生物種または生物種グループが重要だと特定された場合、生態系の指標を生物種の指標で補うことを推奨している。

　第3は「生態系サービス」の変化を見る指標だ。生態系サービスとは、生態系が経済活動やその他の人間活動にもたらす便益を指す。TNFDは生態系サービスを3つに分類している。

　「供給サービス」は生態系から抽出または収穫される便益だ。例えば、森林の木材や燃料用材、河川の淡水などが含まれる。「調節・維持サービス」は生態系が気候、水文学、生化学的サイクルに影響を与え、気候の調節や洪水防止など社会や個人にもたらす便益だ。「文化的サービス」は森林やサンゴ礁の観光レクリエーションの価値など様々な文化的な便益のことだ。

　TNFDは、企業活動に伴う生態系サービスの変化を測定することを求めている。また、以下を考慮して生態系サービスに優先順位付けをすることも提案している。

　1つは、生態系サービスの変化に関連して生じる財務上のリスクと機会のレベルが大きいかどうか。例えば、原材料の損失など生産工程の損失から生じる潜在的な

■ TNFDが提案する業界横断的な評価指標

評価指数の分類	サブ分類1	サブ分類2	評価指標の実例
影響要因	陸／淡水／海の利用変更	陸域生態系の利用	変換された土地の範囲
		淡水生態系の利用	変換された淡水域の範囲
		海洋生態系の利用	変換された海域の範囲
	汚染	非GHG大気汚染物質	非GHG大気汚染物質排出量
		土壌汚染物質	土壌汚染物質排出量
		水質汚染物質	水域への排出量
		固体廃棄物	有害廃棄物発生量
	資源利用	淡水の利用・補給	淡水使用量
		その他の資源利用・補充	天然資源の使用量
	気候変動	温室効果ガス排出／炭素貯蔵・隔離・除去	スコープ1、2、3排出量
	侵略的外来種、その他	生物学的変化	地域内の侵略的外来種レベル
		攪乱	騒音公害のレベル
自然の状態	生態系	範囲	生息地／土地被覆
		状態-組成状態の最小値	生物種の数
	生物種（重要な場合）	個体数	生物種の個体数
		絶滅リスク	生物種の脅威の軽減と回復
生態系サービス	供給	遺伝物質を含むバイオマス供給	供給された資産の重量
		給水（飲料水を含む）	取水量
	調整	水質浄化および水流調整・維持管理	水流調整量
		土質調整、土壌・土砂の保持、または固形廃棄物浄化	土壌保持量（t）
		花粉媒介、病害虫防除、生息地の個体数または生息環境の維持	サービスを提供する生息地の面積
		洪水・暴風雨の緩和、騒音減衰、その他の調整サービス	低リスクカテゴリーに属する物件数
		地球または地域の気候調節、降雨パターン調整、大気浄化	温室効果ガス排出量（t）
	文化的	レクリエーション、視覚的アメニティ、科学・教育、精神・芸術・象徴	文化的目的の訪問者数

出所：TNFD、2022年の資料を基に日経ESG編集　　　　　　　　GHG：温室効果ガス

財務上の損失が大きい場合などだ。また、生態系サービスの供給が減少した際の社会への影響と、そのサービスに依存するコミュニティへの影響が大きいかどうか。これらが大きければ優先順位を高くする。

業界横断的な評価指標を例示

　TNFDは、「影響要因」「自然界の状態」の変化、「生態系サービス」の変化の3タイプの指標について、業界横断的な評価指標の実例も示した。影響要因には、転換された土地・海域の範囲や、淡水使用量、温室効果ガス排出量などが並ぶ。自然の状態には、生物種の数や個体数が並ぶ。生態系サービスには、バイオマス資産の重量や土壌保持量、花粉媒介サービスを提供する生息地の面積などが並ぶ。

　試験的開示のパイロットプロジェクトからのフィードバックを受け、TNFDは評価指標を改訂する予定だ。「影響要因」の評価指標は、今後開発する個別ガイダンスの中で「セクター別指標」を示す。「自然の状態」の評価指標は、今後「バイオーム指標」を示して補完する。

　2022年11月に発表する第3版は、自然に関連するリスクや機会の指標を提示する予定だ。第2版の内容を咀嚼し、第3版に備えていただきたい。

トレーサビリティの説明を求める

原口 真／TNFDタスクフォースメンバー、MS&ADインシュアランス グループ ホールディングス TNFD専任SVP

　企業に自然の情報開示を求める「自然関連財務情報開示タスクフォース（TNFD）」は、2023年9月に開示のフレームワークを完成させる。それを前に、2022年12月に開催された生物多様性条約第15回締約国会議（COP15）では、生物多様性の2030年目標と、TNFD開示、さらにはサステナビリティ情報開示の統一基準づくりを進める「国際サステナビリティ基準審議会（ISSB）」が互いに整合性を持つアプローチで進んでいることが明らかになった。COP15で採択された「昆明・モントリオール枠組」の目標15では、「ビジネスや金融機関が生物多様性に関わるリスクや依存、影響について開示するために締約国が措置を講じる」ことが合意された。ISSBはCOP15期間中、「気候変動開示基準を補完するために、TNFDなどを基に自然生態系について段階的な開示の強化を研究する」と表明した。TNFDとCOP15、ISSBが連携していることをうかがわせる発表だった。

改訂のポイントは2つ

　TNFDフレームワークは、投資家が求める開示枠組みをいきなりつくるのではなく、試作版をつくり、企業や金融機関からの意見を反映して何度もアップデートするつくり方をしている。2022年11月に発表した「試作第3版」（ベータ版v0.3）は、第2版から開示提言を大きく改訂した。

　ポイントは2つある。開示の4本柱の1つである「リスク管理」を「リスクと影響の管理」と改めた。さらに「リスクと機会」という用語を、「依存関係、影響、リスクと機会」に替えた。理由は、気候変動とは異なり、自然の場合は企業が環境（自然）から影響を受けるだけでなく（リスクと機会）、環境（自然）に影響を与える（依存と影響）からだ。自然から受ける影響と与える影響の両方が企業の財務に関係し、情報を活用する投資家にとっても重要になる。

　もう1つの改訂ポイントは、気候変動のスコープ1、2、3に相当する説明部分だ。自然の開示ではスコープ1、2、3というアプローチが適用できない。そこで「指標と目標」のBでは、「直接、上流、下流における自然への依存関係と影響を評価し管理するために組織が用いた指標を記述する」ことを開示提言とした。サプライチェーン管理は投資家にとっても必要な情報になる。その管理の指標の開示を求めている。

　第3版で新たに追加した開示項目も3つある。いずれも自然に特有の項目だ（図の緑色）。「リスクと影響の管理」のところに、「Dサプライチェーンのトレーサビ

ガバナンス	戦略
自然関連の依存関係、影響、リスク、機会に関する組織のガバナンスを開示する。	自然関連リスクと機会が、組織の事業、戦略、財務計画に与える実際および潜在的な影響を、そのような情報が重要である場合に開示する。

開示推奨項目

A）自然関連の依存関係、影響、リスク、機会に関する取締役会の監視について説明する。

B）自然関連の依存関係、影響、リスク、機会の評価と管理における経営者の役割について説明する。

開示推奨項目

A）組織が短期・中期・長期にわたって特定した、自然関連の依存関係、影響、リスク、機会について説明する。

B）自然関連リスク・機会が、組織の事業、戦略、財務計画に与える影響について説明する。

C）様々なシナリオを考慮しながら、組織の戦略のレジリエンスについて説明する。

D）完全性の低い生態系、重要性の高い生態系、または水ストレスのある地域との組織の相互作用について説明する。

- 最低限の変更でTCFDから踏襲
- 「自然」に対応するために改訂した項目
- 「自然」のための固有の追加項目

該当する場合、「リスクと機会」から「依存関係、影響、リスク、機会」という用語に拡大

出所：TNFD試作第3版（2022年）を基に筆者作成

リティ」と「E権利保有者を含むステークホルダー・エンゲージメントの質」。「指標と目標」のところに「D組織の気候変動および自然関連の目標の整合性」の説明を追加した。

トレーサビリティや権利保有者の説明は自然の情報開示では極めて重要だ。なぜなら企業の自然への依存や影響、リスクは地域によって異なり、地域固有のものになるからだ。サプライチェーンを遡り、どの地域のどんな人々に影響を及ぼすか把握することは、自然のリスク管理に欠かせない。世界で事業を展開する大企業や金融機関のみならず、中小企業や家族経営の農場までサプライチェーン全体で自然関連課題を特定、評価、管理する重要性を示している。

自然関連の依存やリスクは地域社会に影響を与えるため、TNFDは市民社会や先住民族・地域コミュニティ（IPLCs）との対話を重視している。IPLCsは世界の自

リスクと影響の管理	指標と目標
組織が、自然関連の依存関係、影響、リスク、機会をどのように特定、評価、管理しているかを開示する。	自然関連の依存関係、影響、リスク、機会を評価し、管理するために使用される指標と目標を開示する（かかる情報が重要である場合）。

開示推奨項目

A) 自然関連の依存関係、影響、リスク、機会を特定し、評価するための組織のプロセスを説明する。

B) 自然関連の依存関係、影響、リスク、機会を管理するための組織のプロセスを説明する。

C) 自然関連リスクの特定、評価、管理のプロセスが全体のリスク管理にどのように組み込まれているかについて説明する。

D) 自然関連の依存関係、影響、リスク、機会を生じさせる可能性がある、組織の価値創造のための投入物について、その供給源（Source）を特定するための組織のアプローチを説明する。

E) 自然関連の依存関係、影響、リスク、機会に対する評価と対応において、権利保有者を含むステークホルダーが、組織にどのように関与しているかを説明する。

開示推奨項目

A) 組織が戦略およびリスク管理プロセスに沿って、自然関連リスクと機会を評価し、管理するために使用している指標を開示する。

B) 直接、上流、そして必要に応じて下流の依存関係と自然に対する影響を評価し、管理するために組織が使用する指標を開示する。

C) 組織が自然関連の依存関係、影響、リスク、機会を管理するために使用している目標と、目標に対するパフォーマンスを説明する。

D) 自然と気候に関する目標がどのように整合され、互いに貢献あるいはトレードオフし合っているかを説明する。

試作第2版から改訂・追加した点を示した。トレーサビリティやステークホルダーの関与の説明が盛り込まれた

然資源の管理者であり、自然保護で特に重要な役割を担う。昆明・モントリオール枠組でも頻出している用語だ。TNFDフレームワークを利用するに当たって理解しておく必要がある。

財務への影響を知る指標も

第2版は企業が自然への依存や影響を把握する業界横断的な指標を例示した。第3版は自然のリスクと機会が企業の財務に与える影響を評価する指標を初めて提案し、「自然再生の費用」「事業中断による収益の減少」などを示した。財務リスクの把握は投資家との対話でも役立つ。

ここまで読むと、投資家はこうした開示提言や指標に沿った情報をどう評価するのか気になるだろう。実は第3版までは企業が自社の取り組みを精査し、自然への

依存や影響、リスクや機会を「知る」段階だ。2023年3月に発表予定の第4版でいよいよ投資家に向けた開示指標が提案され、「開示」段階になる。

　第4版を簡単に説明しよう。企業には自然への依存や影響の大きさ（エクスポージャー）に応じて様々なリスクと機会が想定される。生態系崩壊のシステミックリスクや、法規制や市場変化に伴う移行リスクなどだ。TNFDはこれを一般的な全社的リスクマネジメント（ERM）で用いる「リスクと機会の財務的影響の大きさ（マグニチュード）」と「発生可能性」のかけ合わせで評価する設計にしている。ここから企業の業績や財務に及ぼす影響を弾き出す。第4版ではその具体的な手順を示す。

　TNFDは、開示ありきではなく、自然が企業の業績や財務に及ぼす影響を開示するまでの手順を1歩ずつ示してきた。上場企業だけでなくどんな企業も採用可能なガイダンスやツールの開発を使命と考えている。

　第3版は、トレーサビリティの確保や地域の関係者への影響の把握が重要な財務情報につながることを示した。第4版ではシナリオ分析のガイダンス草案も発行する予定だ。

自然の情報開示に欠かせない
2つの先端ツール

宮本 育昌／JINENN代表取締役社長

　2021年6月に自然関連財務情報開示タスクフォース「TNFD」が正式に発足した（6〜7ページの記事参照）。企業は近い将来、事業活動における自然への依存度と影響を評価し開示することが求められるようになる。フレームワークの完成を待ってから開示の準備を始めるのでは手遅れになりかねない。金融機関が何を狙い、どのような情報開示を求めているのか。現時点でTNFDが重視する、開示の際に使う情報の評価手法（ツール）をいくつか紹介しよう。

　気候変動ではパリ協定という世界目標に沿って自社の目標を設定し、開示している。それと同様に、自然関連の情報開示でも、世界目標に沿った自社目標の設定や、世界共通の評価手法に基づく影響評価が求められることになるだろう。

　世界目標は、2022年12月にカナダで開催された生物多様性条約第15回締約国会議（COP15）第2部で、「昆明・モントリオール生物多様性枠組（GBF）」として採択された。GBFの目的には、2050年のビジョン「自然と共生する社会」に向けて、2030年までに「自然の損失を止め反転する」という「ネイチャーポジティブ」の概念が盛り込まれている。

　それでは、自社の目標はどのように設定すればよいのか。まずは自社が自然に及

■ 自然への影響と依存度を評価できる「ENCORE」と自然SBTs設定の手順を示す指針

ENCOREのトップ画面。セクターを入力することで、自社事業の自然への「依存度」と「影響」を評価できる（上）。自然に関する科学に基づく目標設定「SBTs for Nature」の初期ガイダンスが2020年9月に発表された（右）

出所：ENCORE（上）、SBTN（右）

■ 企業活動と自然の関係を評価する主な手法

手法	開発者	概要
ENCORE (Exploring Natural Capital Opportunities, Risks and Exposure)	国連環境計画の世界自然保全モニタリングセンター（UNEP-WCMC）と金融イニシアティブ（UNEP FI）、自然資本金融同盟（NCFA）	金融機関が、投融資先企業のビジネスにおける自然資本に関する機会・リスクを評価する。企業も活用できる。仏BNPパリバ・アセットマネジメントが既に利用
CBF (Corporate Biodiversity Footprint)	仏アイスバーグ・データ・ラボなど	企業のバリューチェーンの中で生物多様性に最も影響を与える要素について、資源やエネルギー使用などのデータを用いてフットプリントを算出する。仏BNPパリバ・アセットマネジメントが既に利用
BFFI (Biodiversity Footprint Financial Institutions)	蘭CREMや蘭ASN銀行など	投資ポートフォリオにおいて、個々の投資による生物多様性への影響をフットプリントとして算出する。蘭ASN銀行などが既に利用
STAR (Species Threat Abatement and Restoration)	世界自然保護連合（IUCN）	投資により種の絶滅リスク低減が可能となる場合の貢献度を測定する。金融機関が利用
GBSFI (Global Biodiversity Score for Financial Institutions)	仏預金供託公庫（CDC）の子会社CDC Biodiversité	投資先企業のバリューチェーン全体の経済活動における生物多様性への影響に重点を置いた生物多様性フットプリントを評価する。金融機関が利用
BIA (Biodiversity Impact Analytics)	データプロバイダーの仏Carbon 4 Finance、仏CDC Biodiversité	企業や金融機関のネットワークによる企業の生物多様性フットプリントを評価するツール「グローバル生物多様性スコア（GBS）」に、個別企業の温室効果ガス排出データを組み合わせたデータベース
ReCiPe	コンサルティング会社の蘭PRé Sustainability	企業活動による生態系・水安全・土地利用への影響をライフサイクルアセスメント（LCA）を用いて算出
SBTs for Nature 初期ガイダンス（自然に関する科学に基づく目標設定）	Science Based Targets Network (SBTN)	企業活動において生物多様性や気候など自然のあらゆる側面を対象にし、科学に基づいて測定・実行が可能で期限のある統合的な目標を設定するためのガイダンス。CDPなどが利用を検討中

出所：各手法の資料を基に宮本育昌氏作成

ぼす依存度や影響を評価する必要があるが、それは一筋縄でいかない。自然は大気、水、土地や土壌、生物種など多様であり、気候変動におけるCO_2のような単一指標

では表せないからだ。そこで、様々なイニシアティブが生物多様性や自然資本の評価や目標設定で独自手法を開発しているのが現状だ。持続可能性関係の評価手法を共有するプラットフォーム「SHIFT」には、77種類もの自然資本評価手法が掲載されている。

評価の標準化を進めるEU

手法が異なると結果を比較できないため、投資家は標準化を強く求めている。EUでは２つの大きな標準化の動きがある。

１つは、EUの「Transparent Project（透明化プロジェクト）」だ。持続可能な開発のための世界経済人会議「WBCSD」、様々な資本の開示を目指す企業イニシアティブ「資本連合」、企業価値算出手法の確立を目指す「Value Valancing Alliance（VBA）」の３者が共同で、自然資本会計の標準化に取り組むものだ。もう１つは、欧州委員会が設立した「EUビジネスと生物多様性」が進める「Align Project（アライン・プロジェクト）」だ。こちらも自然資本評価の標準化を目指している。

生物多様性の国際規格化も進んでいる。2019年にISO14007で環境マネジメントにおける環境コストとベネフィットのガイドラインが制定され、ISO 14008で環境影響の金銭的評価が制定された。それに続き、昨年、生物多様性のISOを検討するTC331が発足した。2021年６月には英国規格協会が「BS8632：2021組織のための自然資本会計」を制定した。

こうした標準化の動きはTNFDのフレームワークづくりと並行して進んでいる。当然、両者の間で情報共有がある。欧州の先進企業はその動きを睨みながら、様々な評価手法の開発段階から試験的に参画し、自社と自然との関係性を評価している。公表する企業まで現れ、開示に向けた準備を着々と進めている。

日本企業もこの大きな波に乗り遅れないでいただきたい。そこで、上記の標準化を進めるプロジェクトで、ベンチマークとして注目されている評価手法と指針を紹介しよう。

第１は、企業の自然への影響や依存度の大きさを金融機関が把握するための「ENCORE」というツールだ。金融機関のネットワーク「自然資本金融同盟」と、国連環境計画世界自然保全モニタリングセンター（UNEP-WCMC）などが共同で開発した。

ENCOREは、投融資先企業が自然資本に与える機会やリスクを金融機関が評価するのに使うツールだが、企業が自社の操業地や取引先の原材料調達地について評価するのにも同様に使える。幅広いセクター・業種の企業が自然への影響や依存度を容易に把握できるのが特徴だ。

第２は、企業が自然に関して科学に基づく目標（SBTs）を設定する指針を示した「SBTs for Nature初期ガイダンス」だ。世界経済フォーラムやCDPが設立したSBTNが、気候や生物多様性、淡水、土地、海洋など自然のあらゆる側面を対象に統合したSBTsの作成を目指し、最初のガイダンスを2020年９月に発表した。活用例も記載され、実践的だ。

依存と影響を測る注目ツール

以下で使い方を紹介しよう。

ENCOREは、世界産業分類基準に基づき11セクター139サブ産業グループに分けて、生産プロセスが自然にどの程度「依存」し、自然にどの程度「影響」を与えているかを評価する。ENCOREのウェブサイト（https://encore.naturalcapital.finance/en/explore）から無料で利用できる。例えば大規模な大豆生産を行う企業なら、セクターで「生活必需品」、産業サブグループで「農産物」、生産プロセスで「大規模灌漑農作物」を選択し、「依存度」ないしは「影響」を押す。

「依存度」には、地下水、土壌の質、水質など約20項目が表示され、それぞれに対して依存度が「非常に高い」から「非常に低い」まで5段階が示される。気候変動など今後の環境変化の要因や、それが起こり得る可能性も表示される。「影響」には、生産が自然に影響を与える要因として「水の利用」や「地上生態系の利用」など5つが表示され、影響を与える自然資産として「土壌・堆積物」や「種」など8つが表示される。

自然資本が危機的状況にある地域「ホットスポット」を世界地図に表示でき、企業は調達先の地域がホットスポットにないか確認できる。

ユーザー登録をすれば、「依存度」と「影響」をグラフィカルに表示でき、さらに理解しやすい。

2021年5月、責任投資原則（PRI）とUNEP-WCMCは、投資家がポートフォリオにおいて自然資本枯渇の潜在リスクにさらされている資産（エクスポージャー）を特定するプロセスを、ENCOREを使って解説した。

以下でモデルケースを見てみよう。架空の資産運用会社A社、投資先企業として大豆を使用する食品消費財メーカーB社を設定した。A社は、大豆などの耕作物の潜在的な依存性と影響を懸念し、ENCOREを使ってB社のリスクと機会を特定した。

ステップ1：ENCOREで「生活必需品」セクターの「農産物」産業サブグループにおける「大規模灌漑農作物」生産プロセスを選び、「依存度」と「影響」を評価。その結果、非常に高い影響を及ぼす要因として、「淡水生態系利用」「地上生態系利用」「水利用」の3つをあぶり出した。地上生態系は農地への転換が原因であることを確認。

ステップ2：B社の協力を得るとともに、市場・貿易会社・産地をつなぐツール「Trace」を活用し、B社の大豆の調達先を特定した。大豆の産地はブラジルのマットグロッソ州シノプだと突き止める。

ステップ3：ENCOREでホットスポットの分布を示した世界地図を用い、大豆生産が依存する自然資本（生息地と種、土壌と堆積物、水）で、どの大豆産地がホットスポットに位置するかを特定。

ステップ4：これらの情報を踏まえ、A社はB社とエンゲージメントを行い、ホットスポットではない産地の大豆の「持続可能な調達比率」を開示するよう要請。大豆産地における将来の自然資本枯渇リスクを評価するようB社に促す。

同様のENCORE活用を企業もできる。つまり、自社のバリューチェーンで自然資本枯渇リスクにさらされている資産を特定でき、さらに依存度も簡単に調べられる。企業は枯渇リスクがどんな財務的リスクを自社に及ぼし得るかを知ることで改善を図れる。ENCOREは金融機関が利用するツールであることから、投資家と対話する際にも評価結果と対応策を説明しやすい。

CDPも活用する自然SBTs

「SBTs for Nature初期ガイダンス」は、企業が自然関係のSBTsを設定する手順を示すとともに、現時点で参考になる自然関係の目標の例も示している。

手順は以下の通りだ。企業はまずバリューチェーン上で重大な自然への影響と依存がある工程を特定し、重要な課題について優先順位を付ける。優先順位の高い課題の目標のベースラインとなるデータを収集した上で目標を設定。行動計画を立て、進捗をモニタリングして開示する。スペインに本社がある架空の食料飲料会社を例に手順を解説している。

ステップ１：食料飲料会社Ｃ社は、ENCOREを用いて自然に影響を与える要因を確認した後、バリューチェーン上にホットスポットがないかを調査。その結果、ブラジルの天然草原を転換した大豆の農地の環境影響が最も大きいことを特定。

ステップ２：SBTNが提供する別のツールを使い、バリューチェーンにおける自然資本への負荷を「土地・水・海」「資源」「気候変動」「汚染」に分けて定量的に算出（次ページの図中の丸の大きさ）。優先順位が高い課題として、スペイン本社工場、原材料調達地の米国とブラジルの土地、資源、気候変動、汚染であると判断。

ステップ３：スペイン、米、ブラジルで自然への影響と依存が高い要因を調べ、バリューチェーンで土地転換をゼロにする目標などを設定。

■ ENCOREを使い、事業が自然に及ぼす影響の大きさを表示

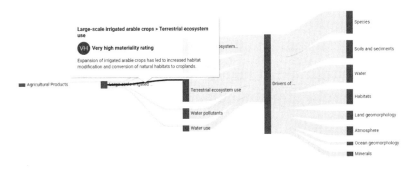

大豆の食品会社が及ぼす影響を示した。影響の大きさをフローの太さで示す。「農産物」の生産プロセスで「大規模灌漑農作物」を選択すると、「地上生態系利用（Terrestrial ecosystem use）」の影響が非常に大きいと表示される。自然資産への影響は「種（Species）」や「水（Water）」が大きい

出所：ENCORE

■ 自然への負荷の大きさを定量的に把握し、目標を設定

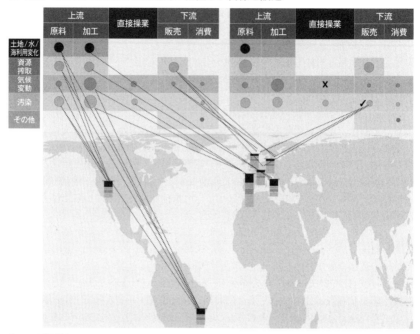

SBTNが提供するツールを使えば、バリューチェーンにおける「土地／水／海の利用の変化」「資源の搾取」「温室効果ガス排出量」「汚染」への負荷を計測して、円の大きさで表してくれる。上の左側はバリューチェーンでの分析、右側は会社レベルでの分析。スペイン本社、原料調達地の米国、ブラジルの負荷が大きい。どの段階でどんな負荷が大きいか把握することで、目標設定につながる
出所：SBTN

　ステップ4：行動計画を策定。
　ステップ5：実績を年次報告書で発表。現地の規制強化などを見越して目標のレベルを上げる。
　ガイダンスでは、企業は目標をプラネタリーバウンダリー（地球の限界）と持続可能な目標を考慮して設定するよう提案している。参考になる野心的な目標として、土地では「2030年までにバリューチェーンにおける自然生態系の土地転換をゼロにする」、生態系では「農地に生物多様性に富むエリアを10％設ける」という目標などを紹介している。
　CDPも質問書をSBTs for Natureと連動させるとしているため、注目だ。
　TNFD発足時に技術専門家グループが出した提案には、ENCOREとSBTs for Nature初期ガイダンスを何度も例示し、重視していることがうかがえる。来るべき自然関連財務情報開示の時代に備えるため、注目される評価手法や指針を使い、自然との関係の把握や目標設定に早めに取り掛かることが重要だ。

科学に基づく目標設定が始まる

宮本育昌／JINNEN代表取締役社長

　企業の自然への依存度と影響を把握し、リスクと機会を評価し、進捗を管理するためには、指標や目標の設定が重要になる。

　科学に基づく目標を定めるネットワーク組織「SBTN」（Science Based Targets Network）は、気候に関する科学に基づく目標（気候SBTs）と対を成すものとして「自然SBTs」について検討を進めてきた。

　SBTNは2020年9月に「自然に関する科学に基づく目標設定、企業のための初期ガイダンス」を発行し、企業が自然関係のSBTsを設定する手順を5つのステップで示した。おさらいすると、ステップ1では「バリューチェーン上で重大な自然への影響と依存がある工程を特定」し、ステップ2では「重要課題の優先順位付け」を行い、ステップ3では「優先度の高い課題の目標のベースラインとなるデータを収集」するとともに「水・土地・生物多様性・気候について目標を設定」。行動計画を立てて進捗をモニタリングし、開示する。ステップ4では、「目標に沿って自然への影響の低減や自然の再生」を行い、ステップ5で「その効果を測定・検証」する。

　初期ガイダンスを発行後、SBTNは専門家チームによる検討や、企業との対話プログラムを実施し、2022年9月にステップ1&2およびステップ3の水に関する目標設定について、そのプロセスを進めるための具体的な方法論や各ステップで必要となるデータや有用なツールについて解説した技術ガイダンス案を発表した。2023年2月にはステップ3の土地に関する目標設定についての技術ガイダンス案を発行し、パブリックコメントを募集した。これらを踏まえ、2023年3月に発行したのが、「自然に関する科学に基づく目標設定のガイダンス第1版」である。

　このガイダンスには、自然SBTsの設定における基準を「必須・推奨・許容」の3段階で記載している。

　必須としている基準には、以下のようなものがある。

・直接操業とバリューチェーン上流の可能な限り広い範囲を対象に、自然SBTsの設定の必要性を検討する
・自社における重要性を最初に定義し、自然SBTsを設定する事業をスクリーニングする
・組織のバウンダリ（境界）は、気候SBTsを設定している企業は自然SBTsでも同一とする
・（セクターにより異なる目標値が指定される場合があるため、）自社の直接操業の

活動を国際的なセクター分類に従い区分する

・すべての物品・サービスの調達において、原材料調達先から1次取引先までの間で、最も環境負荷が高い影響をスクリーニングする

・企業が自然に及ぼす圧力については、少なくとも「生態系の利用と利用変化（陸域・淡水域・海洋）、資源搾取（水、他の資源）、気候変動（温室効果ガス排出量）、汚染（水汚染、土壌汚染）」を評価して重要性を判断する

・全ての自社所有・運営サイトについて、できる限り小さな面積に区分して自然に及ぼす圧力を推定し、利用可能な場合には必ず1次データを用いて推定する

・事業に対する重要な影響については、その評価結果を直接操業とバリューチェーン上流で別々に記録する

・直接操業による自然状態の評価結果は、各サイト/活動/場所ごとに自然への圧力データとセットで記録する

・バリューチェーン上流における自然の状態の評価は、圧力と同一のサイズの面積区分で行う

　各ステップにおける検討の進め方は初期ガイダンスから変わっていないが、上記のような必須条件を明確にしたことで、「しなくても良いこと」も明確になったと言える。すなわち、全ての事業のバリューチェーン全体について1次データ（例：バリューチェーン上の調達先企業の事業所が自然に及ぼす実際の圧力）を使って評価する必要はなく、自社の事業およびその自然との関係について2次データ（例：セクター平均の自然への圧力）も活用しながら評価して重要度で絞り込んだ後に目標設定を進めればよい。

生産地の情報を早急に把握せよ

　次に、目標設定の具体的な内容を、最も新しく公開された「土地」について紹介する。

　土地に関する目標として、「目標1：自然生態系の転換なし」「目標2：土地への環境フットプリント低減」「目標3：土地景観に関するエンゲージメント」の3つを定義している。

　目標1については、セクターによって異なる目標値を要求している。例えば、直接操業地では2025年までに「森林伐採・森林転換なしの目標」を100%達成することを求める。コモディティ（商品）の種類や、直接/間接調達、調達地の生態系のタイプ別に、目標値を細かく定めている。この目標は、達成時期が異なるだけで全てのセクターが対象となる。いずれのセクターも、自社操業地と、自社が調達している牛肉・ココア・コーヒー・パーム油・大豆・木材・小麦などのいわゆる森林リスクコモディティについて「森林伐採・森林転換に関わっていない」ことを確認する必要がある。仮に関わっている場合は、すぐに対策を進めなければ、SBTNが定める目標年までに認定を取ることは難しくなると考えられる。

　そのため、森林リスクコモディティについては、原材料生産地の情報を早急に把握することが必須となる。情報を把握することで、欧州に農林水産品・食品を輸出

■ 目標1における要求内容

バリューチェーン段階	対象生態系	森林破壊・森林転換なし目標	
自社操業地	全て	2025年：100%	
生産者	全て	2025年：100%	

バリューチェーン段階	対象生態系	商品（コモディティ）A	商品（コモディティ）B
直接調達	生態学的重要地域	2025年：森林転換なし100%	
	その他	2027年：森林転換なし80% 2030年：森林転換なし100%	
間接調達 （生鮮/加工品）	生態学的重要地域	2025年：森林転換なし80% 2027年：森林転換なし100%	2027年：森林転換なし80% 2030年：森林転換なし100%
	その他	2027年：森林転換なし80% 2030年：森林転換なし100%	2030年：森林転換なし100%
間接調達 （埋込型/高度加工品）	全て	2025年：森林転換なし80% 又は補償 2027年：森林転換なし100% 又は補償	2027年：森林転換なし80% 又は補償 2030年：森林転換なし100% 又は補償

出所：SBTN資料から宮本育昌氏作成

している企業は、森林リスクコモディティについてデューデリジェンスを求める規制にも対応できるようになる。

目標2の「土地への環境フットプリント低減」については、以下の基準を満たす場合に要求される。

・ステップ1の重要度スクリーニングにおいて"陸域生態系使用"が重要である企業
　・国際標準化機構区分における農林水産業、製造業に従事する企業
　・気候SBTsの森林・土地・農業（FLAG）目標設定基準に合致する企業
・土地占有面積が5万ha以上、かつ/または、フルタイム従業員数が1万人以上の企業

具体的には、農業・水産業、食品・飲料製造業、服飾・皮製品製造業、小売業にこの目標設定が求められる。穀物生産支援活動、化学品製造業、ゴム・プラスチック製造業、機械製造業には気候SBTs FLAG目標設定が求められる。多くの国内企業が対象になると考えられるため、早急に自社との関連を確認するとよい。

目標3の「土地景観に関するエンゲージメント」は、「陸域生態系使用」「汚染」による土地への圧力が重要である場合、生態系健全度指数（人為的な生物多様性に対する圧力を空間的に評価する指標）に基づき設定しなければならない。汚染については、日本では環境法により環境基準が定められていることからその懸念は極め

て小さいだろうが、海外にある子会社やバリューチェーン上流の取引先において問題が発生する可能性がある。ここでもバリューチェーン上流の明確化が重要となる。生態系健全度指数についてはUNEP-WCMCがデータを提供しているものの、算定方法が複雑であるために評価結果に基づく目標設定には専門家との連携が必要となろう。

　森林・土地・農業に関係するFLAG企業には、上記に加えて気候SBTsにおいてもSBTイニシアティブのFLAGガイダンスに基づく目標の設定も求められる。

　SBTNは、ガイダンス第1版を公開した後、生物多様性および海洋に関する目標設定ガイダンス案を順次公開する予定である。このうち生物多様性の目標については昆明・モントリオール生物多様性枠組と整合性をとると予想される。既に発行されている水・土地のガイダンスの内容から考えると、生物多様性・海洋についても直接操業とバリューチェーン上流の全体を対象として評価を進めることが求められるだろう。2023年9月に公開される予定の自然関連財務情報開示タスクフォース（TNFD）の枠組みにおける「戦略」「指標と目標」の項目に対応するための準備ともなる。企業は全ての目標設定ガイダンスがそろうのを待たず、バリューチェーンの見える化を進め、評価できるよう準備しておくことが重要だ。

LIME3で自然資本の定量評価

藤田 香／日経ESG

　投資家の関心が、気候変動から水や森林などを含めた「自然資本」へと広がっている。そうした動きを踏まえ、企業が自然資本に与える影響をサプライチェーンを通じて測定し、開示する動きが始まった。蘭ユニリーバ、インドのタタ、味の素などが、WBCSD（持続可能な開発のための世界経済人会議）が主導する「自然資本連合」が策定した「自然資本プロトコル」を使い、事業による自然資本への影響を測っている。

■ 自然資本の定量評価の手順

1 サプライチェーン全体で、温室効果ガスの排出や、水、大気などの環境への影響と依存度を、①産業連関分析を用いた評価や、②LCAを用いた評価で測定する

2 金額に換算し、報告書に記載する

■ 企業活動がオーストラリアの種の危機に及ぼす影響を、産業連関分析で算出

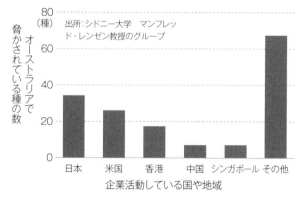

出所：シドニー大学　マンフレッド・レンゼン教授のグループ

オーストラリアの種の絶滅危機には日本の企業活動の影響が最も大きく、34種の危機に関わる。紙パルプや木材の輸入が大きい

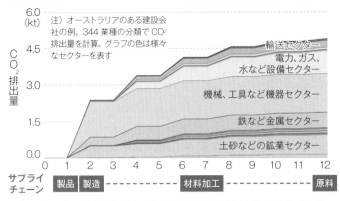

■ 建設会社のサプライチェーンのCO_2排出量を産業連関分析で算出

注）オーストラリアのある建設会社の例。344業種の分類でCO_2排出量を計算。グラフの色は様々なセクターを表す

輸送セクター
電力、ガス、水など設備セクター
機械、工具など機器セクター
鉄など金属セクター
土砂などの鉱業セクター

CO_2排出量（kt）

サプライチェーン　製品｜製造 ------------ 材料加工 ------------ 原料

オーストラリアのある建設会社の例。国際産業連関分析により、12次サプライヤーまで遡ってCO_2排出量を測定　　　出所：地球環境戦略研究機関とシドニー大学

　自然資本への影響を測る際に難しいのが、生物多様性への影響を定量的に測定することや、サプライチェーン上流まで遡ることである。有望な測定方法が2つ発表された。シドニー大学のマンフレッド・レンゼン教授による多地域間の産業連関分析を用いる方法と、東京都市大学の伊坪徳宏教授によるLCA（ライフサイクルアセスメント）を用いた「LIME3」という方法だ。

　レンゼン教授は各国政府が作った国際貿易の産業連関表をひとまとめにし、187カ国をカバーする巨大な国際産業連関表のデータベースを開発。これを使って企業活動が及ぼす環境影響をサプライチェーン末端まで測る方法を開発し、生物多様性への影響の定量評価も可能にした。

　同手法を使い、木材やパーム油などの原材料や商品の輸入が原産国の生物多様性に与える脅威を定量的に算出した。日本企業はオーストラリアから紙パルプや木材を輸入している。日本の企業活動全体がオーストラリアの生物多様性に与える影響を計算したところ、34種を絶滅危機にさらすと算出。世界では約600種に影響を及ぼしていると算定した。

　個社でもこの手法は活用できる。上の図はある建設会社がCO_2排出量を測定したもので、12次サプライヤーまで遡って算定した。

金額換算で費用対便益を知る

　一方、伊坪教授のLIMEは「被害算定型影響評価手法」という。企業の原材料の物量データから、事業活動で消費する資源や排出物質の量を計算し、それが「人間の健康」や「社会資産」「生物多様性」、植物などの「一次生産」に及ぼす影響を金額に換算して示す。環境負荷が社会や人体に与える被害金額は各国で異なるため、LIME3では世界193カ国の環境負荷をコストに換算する係数を開発した。従来の

LIME2では日本の係数を使って海外の環境負荷の金額を算定していた。

　LIME3を使った国の環境負荷の計算も試みた。次ページの図は各国で1kWhを発電する際、燃料の採掘からプラント建設、発電に至るまでの環境影響を金額換算したもの。日本の環境影響は1kWh当たり0.04ドルで、CO_2排出量の影響が大きい。中国やインドは石炭火力が多いため、PM（粒子状物質）による大気汚染の影響が大きい。

　この手法を企業が活用すれば、サプライチェーンで他国に与える環境影響の金額も計算できる。「環境対策のための設備の導入費用と比較して費用対便益を検討できる」と伊坪教授は言う。シドニー大学は地球環境戦略研究機関と共同で、国際産業連関分析とLCAを組み合わせ日本企業が活用できる手法も開発中だ。将来、気候関連財務情報開示タスクフォース（TCFD）にならって自然資本リスクを財務的に開示する時代が来るかもしれない。自然資本の金額換算に先手を打つことが必要だ。

■ 世界を対象に環境影響を評価するLIME3

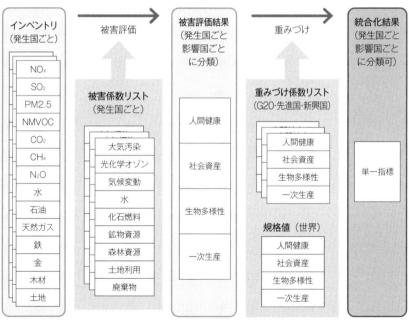

企業の原材料の物量データから、環境影響を算定し、4タイプの社会的コストとして金額換算する。各国で環境影響と社会的コストの関係は異なるため、193カ国の係数を開発した

出所：東京都市大学の伊坪徳宏教授

■ 各国の発電に伴う環境影響コストをLIME3で算出

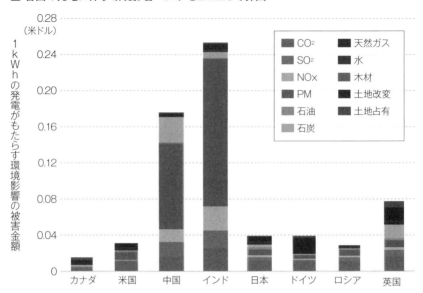

1kWhの発電がもたらす環境影響の被害金額

凡例:
- CO₂
- SO₂
- NOx
- PM
- 石油
- 石炭
- 天然ガス
- 水
- 木材
- 土地改変
- 土地占有

横軸: カナダ　米国　中国　インド　日本　ドイツ　ロシア　英国

各国で1kWh発電時の環境影響を金額換算した。中国やインドは石炭火力が多く、PM（粒子状物質）に伴う大気汚染の影響が大きい

出所：東京都市大学の伊坪徳宏教授

生物多様性も輸入障壁に

宮本 育昌／JINENN代表取締役社長

　EUではサステナブル金融を促進するため、企業に対して非財務情報の開示を求めている。

　2022年11月、欧州理事会は企業の非財務情報開示の新基準「企業持続可能性報告指令（CSRD）」を承認した。この案は、約5万社を対象に「企業が環境や社会に与える影響」と「持続可能性の課題が企業に与える影響」の2つを、定量的に評価し、第三者保証を得て、財務情報とともに開示することを求めている。

　気候変動については「気候関連財務情報開示タスクフォース（TCFD）」の提言に基づいて、前出の2つの情報を開示する。しかし、その他の環境テーマ、例えば生物多様性については、標準的な開示方法が定まっていない。企業は自社が生物多様性に与える影響と、生物多様性が自社に与える影響をどのように開示すべきか迷うところだろう。

　そこで欧州委員会の助成を受けて、生物多様性を含む自然資本の評価の方法論を標準化する「透明化プロジェクト（Transparent Project）」が立ち上がり、2021年7月、草案を発表した。

　草案では、CSRD案で開示が求められる2つの情報のうち、「企業が環境や社会に与える影響」を会計に組み込む方法論を示した。もう一方の「持続可能性の課題が企業に与える影響」は、今後組み込んでいく予定である。

自然への影響、金銭的に評価

　では、どのように自然資本を評価するのか。評価の基本的な方法は「ライフサイクルアセスメント（LCA）」である。企業のバリューチェーン全体を対象に、財務会計期間に、自然資本が事業活動によってどのように変化し、それによりどのような影響が社会に及ぶのか、金銭的に評価する方法である。これにより、CSRD案が開示を求める「企業が環境や社会に与える影響」を把握できる。

　もう少し詳しく説明しよう。まず、事業活動が自然資本に変化を与える「影響要因」を、バリューチェーン全体で把握する。影響要因には温室効果ガス排出量、水消費量、水質汚染、土地利用、廃棄物などが挙げられる。それぞれの影響要因は自然資本の変化を引き起こし、それによって社会に対し、様々な影響を及ぼす。社会への影響を金銭的に評価することで、企業が環境や社会に与える影響を把握できる。

　水消費量を例に取ろう。企業が水を消費することで「淡水（表層水・地下水）の枯渇」「土地・生態圏における生息地の喪失」という自然資本の変化が起きる。淡

水は、砂漠地帯には非常に少ないが、日本には豊富であるなど、地球上に偏在する。同じ水消費量を把握するにも、場所によって自然資本への影響の度合いが異なる。そのため、地域固有の情報に基づいて評価する必要がある。場所ごとの科学的知見が十分でない場合は、より広い地域（例えば地方行政区や国といった単位）で平均化したモデルに基づくデータを使う。

　自然資本の変化が分かると、今度は社会への影響を算出する。自然資本の変化は、「人間の健康への悪影響（栄養失調、水媒介性感染症）」「自然資本が減少することによる将来世代への資源コストの押し付け」などの影響をもたらす。例えば人間の健康への悪影響については、水媒介性感染症などで寿命が短くなった場合に、本来の寿命まで生きた時に生み出す金銭価値から見た損失などを算出する。ただし、算出方法の違いや、地域による経済価値の違いで結果には幅が出る。

　このようにして自然資本を金銭的に評価すること（自然資本会計）を透明化プロジェクトは勧めている。

グリーンなビジネス、基準示す

　企業に非財務情報開示を求めるCSRDが適用されるのに対し、EUでは金融機関に対しては「サステナブル金融開示規則（SFDR）」が適用される。金融商品を、持続可能性を促進するものと、そうでないものに分類するルールだ。その判断基準を法的に定め、経済活動を「サステナブルかどうか」「グリーンかどうか」に分類するのが「タクソノミー」だ。

　タクソノミーは6つの環境目標である「1. 気候変動の緩和」「2. 気候変動の適応」「3. 水と海洋資源の持続可能な使用と保護」「4. 循環経済への移行」「5. 汚染の予防と管理」「6. 生物多様性と生態系の保護と回復」に基づき、グリーンの判断基準を

■EUタクソノミーの基準案における経済活動ごとの優先領域

経済活動	気候変動緩和	気候変動適応	水	循環経済	汚染	生物多様性
農林水畜産業						○
金属製品*	○		○	○	○	○
化学物質製造・プラスチック包装材製造			○	○	○	
電子機器製造				○		
低公害輸送機器製造					○	
循環経済への移行				○		
陸上交通					○	
生態系回復		○				
修復活動			○	○	○	○

出所：持続可能金融プラットフォーム技術作業部会パートA方法論報告書から宮本育昌氏要約(*検討継続中)

経済活動	グリーンと見なされる要件	詳細要件（一部）
林業*	以下をすべて満たすこと 1. 生物多様性の高い森林の維持 2. 森林の構造や機能の適切な管理 3. 火災リスクの適切な管理 4. 化学物質の適正な使用 5. 適切な水管理 6. 森林土壌の保護 7. 森林へのアクセスの適切な管理 8. 野生動物に無害	1. 2008年以降に商業林業活動がない 2. 皆伐は規定値以下で多様な在来樹種がある、など 3. 森林火災のリスク評価と森林管理計画での管理実施 4. 除草剤・農薬・殺菌剤などの不使用 5. 森林からの排水促進や水域変更がない 6. 林業機械による土壌の圧縮や浸食がない 7. 違法伐採へのアクセスの予防方法の決定 8. 哺乳類の捕獲・殺害および危急種の意図的な殺害がない、など
食料・飲料製造	以下のいずれかを満たすこと 1. 生物多様性を改善する方法で生産された1次産品の選択 2. 生物多様性への影響削減に向けたたんぱく質を多く含む1次産品材への変更 3. 希少種の保全に貢献する1次産品の選択	1. EUタクソノミー農業基準を満たす1次産品が95%以上（重量） 2. 多たんぱく質1次産品の20%以上（重量）かつその97%以上（重量）が生産時の直接・間接の土地利用が製品タンパク質100g当たり平均10m²以下 3. 動物性1次産品の50%以上（重量）が養殖で回復中の危急種／植物性1次産品は「保全品種」「有機農業に適した品種」などであり、侵略的外来種による悪影響がない
生態系回復	以下をすべて満たすこと 1. 回復計画の適切な設定 2. 適切なガバナンスの実施 3. 活動の永続性保証 4. 追加要件の充足	1. 法律または国際的な基準と同等の回復計画の策定 2. 全利害関係者の参加保証、必要資金の確保、など 3. 公的または私的な契約協定による長期維持保証 4. 他の経済活動をオフセットする目的は不可、環境影響評価と必要な緩和措置の実施、侵略的外来種の導入の防止

出所：持続可能金融プラットフォーム技術作業部会パートB附属書：技術スクリーニング基準から宮本育昌氏要約（*は検討継続中）

定める。

　気候変動に関する1と2については、2021年6月に承認された「欧州気候法」で基準が定められた。

　その他の3〜6は、欧州委員会が設置した「サステナブルファイナンス・プラッ

トフォーム」の技術作業部会が検討し、2022年3月に最終の基準案が発表された。基準案は、欧州の産業分類に基づく経済活動ごとに、影響が大きいと思われる環境目標に絞って検討された。表に経済活動の一部を抜粋して示し、優先度が大きいものに丸印を付けた。生物多様性については、経済活動を含む24件の経済活動が対象となった。

基準案は、環境目標に合致した「グリーン」の基準とともに、環境目標に反する「ブラック」の基準も定めている。例えば、「自然林を伐採して太陽光発電所を建設する」ことは、目標1の気候変動の緩和の観点に立てばグリーンだが、目標6の生物多様性の観点ではブラックとなるため、総合的には「グリーンではない」と判断される。

グリーンの基準は、自然林など自然生態系の保全・改善だけでなく、農地のように管理された生態系の持続可能な利用も対象とし、それらに効果をもたらす詳細要件が設定されている（前ページの表）。また、基準案は根拠となる文献や法令、国際基準などの情報が示されており、欧州という地域の事情に合わせた「科学に基づく基準設定」であることが強く強調されている。

ブラック基準については、欧州気候法の「附属書D」で、最低限の要件を「欧州の基準による環境影響評価を行い、影響を緩和・補償していること」などと定められてきたが、今回の基準案は一部の経済活動でより厳しい要件を設定した。例えば、家具の製造・修理の際、「木材原材料が欧州基準で持続可能に管理された森林から調達され、森林認証（FSCなど）を取得しており、かつ高いリスクについてはデューディリジェンスを行っていること」などが保証されなければ「ブラック」となる。

透明化プロジェクトの草案に基づき自然資本会計の評価を実施する場合、生物多様性とLCAに関する深い専門知識が必要であり、データプロバイダーとの連携がほぼ必須となる。草案にも「企業自らの実行は難しいかもしれない」と記載された。評価には、コストや時間がかかることは間違いない。

植林が「ブラック」となる恐れ

欧州企業はCSRDに基づく開示が必須となるため、大企業は何年も専門家とタッグを組んで取り組んでおり、ノウハウ蓄積やデータプロバイダーとの連携でも先行している。欧州委員会は企業向けに自然資本評価の理解や実践を助けるセミナーの開催や資料の提供を支援しており、中小企業でも取り組みが急激に拡大すると予想される。

タクソノミーは、現在のところ金融機関が投資判断に使う基準である。しかし将来、炭素国境調整のような措置につながらないとも限らない。今回の基準案を見ると、欧州での科学的根拠を中心にした基準であるため、日本を含む他の地域では必ずしもそぐわない基準もある。

例えば、上の表に示した林業の詳細要件6は、日本での急峻な山への造林では適合しない可能性がある。同7は、国内でも盗伐が発生している事実があることから、十分に対応できているか懸念がある。これら林産品を原材料とする包装材などにも

この基準が適用された場合、それがグリーンであると証明するのは相当の手間になる。

　また食料・飲料製造の詳細要件2は、コメも対象とされており、高級日本食の材料として日本からEUにコメを輸出する場合に基準に適合していることを示す必要がある。生態系回復の詳細要件4では、気候変動対策のオフセットだけの目的で生態系の回復を実施できないとした。気候変動の緩和の効果を得ることを念頭に植林などによるオフセットを考える企業がそれをグリーンと称するのは難しくなりつつある。生物多様性の保全効果もしっかりと認められる植林でなければならない。

　透明化プロジェクトの草案もEUタクソノミーの基準案も、欧州の一定規模以上の企業に適用される。日本企業でも、該当する規模の子会社を欧州に持つ場合は考慮する必要がある。そうでなくても子会社にグリーン投資を呼び込みたい場合、投資家の評価が本社に及ぶ可能性は十分にある。また、タクソノミー基準案は、「国際サステナブル・ファイナンス・プラットフォーム（IPSF）」が策定するサステナブル金融の国際基準案に影響する可能性も高い。EU域外にも波及しそうだ。

　生物多様性などタクソノミーの4目標の基準は2022年中に決まる予定だったが遅れている。CSRDの報告基準を適用するEU指令の運用は2024年1月から始まる。日本企業、特に欧州でビジネス展開する企業は準備を急ぐべきだ。

第 **7** 部

法律や戦略、用語を知る

改定生物多様性国家戦略

　生物多様性国家戦略は、生物多様性に関する国の戦略であり、2023年3月に改定版が閣議決定された。生物多様性条約の締約国は国家戦略の策定を義務づけられていることから、日本は1995年に最初の生物多様性国家戦略を策定した。以降、これまでに改定を繰り返し、5回策定してきた。

　直近の国家戦略は2010年に日本で開催された生物多様性条約第10回締約国会議（COP10）で採択された「愛知目標」を踏まえて2012年に策定したものだった。今回の国家戦略は、2022年12月にカナダ・モントリオールで開催されたCOP15の「昆明・モントリオール生物多様性枠組」を踏まえた第6次の国家戦略として閣議決定された。

　改定国家戦略には、生物多様性・自然資本は地球の持続可能性の土台であり、人間の安全保障の根幹であり、これを守り活用していく必要があることや、生物多様性の損失は続いており、この傾向を止め反転させるためには脱炭素や循環経済といった課題との統合的な対応や社会の根本的な変革が必要であるという基本認識が盛り込まれた。

　改定国家戦略は、2050年の長期目標として昆明・モントリオール生物多様性枠組と同じ「自然共生」を掲げ、2030年までに生物多様性の損失を止めて反転させる「ネイチャーポジティブ」の実現を目指すことを謳っている。

　改定国家戦略は5つの基本戦略を掲げている。（1）生態系の健全性の回復、（2）自然を活用した社会課題の解決、（3）ネイチャーポジティブ経済の実現、（4）生活・消費活動における生物多様性の価値の認識と行動、（5）生物多様性に関わる取り組みを支える基盤整備と国際連携の推進、だ。

　それぞれの基本戦略ごとに、2030年に向けてあるべき姿を表す「状態目標」を3個ずつ（合計15個）定め、実施すべき行動として「行動目標」を4～6個（合計25個）定めた。これらの状態目標や行動目標の進捗を評価するための指標群もいくつか示している。今後も指標の追加や更新を進める方針だ。

　さらに、25個の行動目標ごとに関連する省庁の施策（合計367施策）を紐づけることで、国がどのように行動目標の達成を目指すかを示した。

　今回の新しい国家戦略では、生物群集全体を守り健全な生態系を確保すること、自然の恵みを維持回復させていくこと、自然資本を保全して利用する社会経済活動を進めていくことを強調している。そのための主要な施策として、2030年までに陸域と海域の30％以上を保全する「30by30目標」や、

自然を活用した解決策の推進、ネイチャーポジティブ経済の実現を掲げている。

　国家戦略は、国際的な評価や報告のプロセスも踏まえて2年に1度点検・評価を行うとともに、必要に応じて見直しを図る。

編集協力：環境省自然環境局

■ 生物多様性国家戦略2023-2030の概要

みどりの食料システム戦略

　持続可能な食料システムの構築を目指す国の戦略が「みどりの食料システム戦略」だ。2021年5月に策定された。カーボンニュートラルと生物多様性保全の両方に貢献する。食料・農林水産業の生産力向上と持続性の両立をイノベーションで実現するという内容だ。

　世界人口は2050年に97億人に達すると予想され、食料危機が心配されている。それに伴って問題視されているのが食の持続可能性だ。世界の温室効果ガス排出量520億t（CO_2換算）のうち、農林業とその他の土地利用による排出は23%を占めると見積もられている。生物多様性への影響も見逃せない。国連の報告書は、生物多様性劣化の原因の1つに、農林水産業による土地利用を挙げている。

　日本では農林水産分野から排出される温室効果ガスは全体の4.4%（2020年度）にすぎないが、食料自給率が38%と低いことを考えると、食品の輸入を通して海外のCO_2排出や生物多様性の損失に加担しているといえる。生産者の高齢化や後継者不足も深刻だ。自営農を主業にする人数は2020年に136万人と25年間で半減した。

　しかし、これまでは農林水産行政と気候変動や生物多様性の対策が縦割りであることから、横串を通した解決が進まなかった。そこにハッパをかけたのが菅義偉元首相のカーボンニュートラル宣言だ。2020年末にグリーン成長戦略が発表され、食の戦略をつくる検討が始まった。

　2021年には生物多様性の次期世界目標を定める生物多様性条約締約国会議（COP15）第1部と気候変動枠組み条約締約国会議（COP26）が開かれ、関連の国際交渉が進むことも策定を急がせた。

　特に欧米が野心的に動いている。欧州連合（EU）はカーボンニュートラルを目指す成長戦略「グリーンディール」を支える戦略として2020年5月、食のサプライチェーンを持続可能にする「農場から食卓まで戦略」を発表。実現のための法整備も着々と進め、気候変動と生物多様性、食料問題をともに解決する姿勢だ。

有機農地を50倍に拡大

　みどりの食料システム戦略は2050年を目標年とし、目指す姿と取り組むべき方向性や具体例を示した。特徴は、高い数値目標を掲げたことだ。農林水産業におけるCO_2排出ゼロを目指し、農業・林業機械や漁船の電化や水素活用、バイオ炭や海藻を活用したCO_2固定を進める。

化学農薬の削減と化学肥料の削減を目標に掲げ、有機農業の推進も打ち出した。有機農地の比率を2021年時点の0.5%から25%に高める。

また、中間目標として2030年目標を。2022年6月に決定した。

関連団体との意見交換会では「実現できるのか」との意見も出たが、コメ作りで有機の技術が定着しているため、「トップランナーを意識した目標設定にした」（農水省大臣官房の久保牧衣子環境政策室長）。水産では絶滅危惧種のニホンウナギとクロマグロの養殖をすべて完全養殖にする。森林はカーボンニュートラル実現に向けCO_2吸収量を最大化する。

後継者不足に対処するため、スマート農業などのイノベーションも活用する。ドローンによるピンポイントの農薬散布や、土壌や生育データに基づく施肥管理を行い、化学農薬や化学肥料を抑えて環境配慮を進める。

2050年に向けて、2030年までにトップランナーの技術を横展開し、40年までに革新的技術や生産体制を開発する。「税、制度の整備、予算措置も行っていく」（久保氏）。策定前のパブリックコメントでは「ゲノム編集作物」を新技術として紹介していることへの反対意見が多く寄せられた。これについて農水省は、新技術の実装は国民とコミュニケーションを図りながら検討するとしている。

食の戦略は気候変動と生物多様性の問題解決に寄与し、1次産業再生と地方創生にも貢献する。2022年4月には「みどりの食料システム法」が制定され、税制や融資などにより環境負荷低減に向けた取り組みを推進する制度が始まった。

■「みどりの食料システム戦略」の概要

● 考え方
食品・農林水産業の生産性と持続性の両立をイノベーションで実現

● 2050年までに目指す姿
・農林水産業でCO_2排出ゼロを実現
・農林機械や漁船を電化や水素化するための技術確立*
・化学農薬の使用量をリスク換算50%削減、ネオニコチノイド系殺虫剤に代わる新規農薬などを開発*
・輸入原料や化石燃料を原料とする化学肥料の使用量を30%削減
・有機農業の耕作面積を全農地の25%に拡大
・輸入する食品・原材料の持続可能な調達†
・成長の早い樹木を林業用の苗木の9割以上に拡大
・ニホンウナギやクロマグロなどの養殖の人工種苗率100%に
・食品製造業を自動化し、労働生産性を3割以上向上†
・事業系食品ロスを00年度比で半減†

*は40年まで、†は30年まで

● 具体的な取り組み例

〈調達〉	・営農型太陽光発電など地産地消エネルギーシステムの構築 ・スギから製造した改質リグニンなどで高機能材料を開発 ・食品残渣や汚泥から肥料を製造 ・昆虫など新たなタンパク源の活用を拡大
〈生産〉	・スマート農業による農薬散布や施肥管理で効率向上 ・脱プラスチックの生産資材の開発 ・バイオ炭の農地への投入や海藻によるCO$_2$の固定（ブルーカーボン）など農地・森林・海洋への炭素の長期固定
〈加工・流通〉	・持続可能な食品や原材料への切り替え ・データやAIを活用した需給予測システムで食品ロスの削減 ・電子タグを活用した商品・物流情報データの管理 ・長期の保存や輸送に対応した包装資材の開発
〈消費〉	・規格外農産物の活用など外見重視を見直すことで食品ロスを削減 ・国産食品や有機食品を扱う店の拡大や輸出の拡大 ・建築の木造化、暮らしの木質化 ・持続可能な水産業の消費の拡大

■ 食や農林水産業に関する世界の主な動き

2019年	5月	IPBES「地球規模評価報告書」発表。生物多様性が劣化していることを警告、原因の1つに農林水産業に伴う土地利用を指摘
	8月	IPCC「土地関係特別報告書」を発表。食料システムのCO$_2$排出量が大きいことを指摘
20年	5月	EUが「農場から食卓まで戦略」を発表
	10月	日本が「2050年カーボンニュートラル」を宣言
21年	4月	米国主催の「気候サミット」開催
	5月	日本が「みどりの食料システム戦略」発表
	6月	G7サミットが英国で開催、気候変動などが主な議題に
	9月	国連総会で首脳級の「国連食料システムサミット」開催
	10月	生物多様性のCOP15第1部開催
	11月	気候変動のCOP26が英国で開催、持続可能な土地利用と森林関連製品取引に関する対話も行う
	12月	東京栄養サミット開催

2022年 4月	「みどりの食料システム法」制定
11月	気候変動のCOP27開催、食料問題に焦点を当てる
12月	生物多様性のCOP15第2部開催、昆明・モントリオール生物多様性枠組を採択

IPBES：生物多様性及び生態系サービスに関する政府間科学 - 政策プラットフォーム
IPCC：気候変動に関する政府間パネル

■ EU「農場から食卓まで戦略」の概要

・2030年を目標とする持続可能な食料システムの戦略
・化学農薬の使用およびリスクを50%削減
・1人当たりの食品廃棄物を50%削減
・肥料の使用を20%以上削減
・家畜や養殖に使われる抗菌剤の販売を50%削減
・有機農業の農地を全農地の25%以上にする

■ 食料システムには気候変動と生物多様性が関わる

食料システムは世界のCO$_2$排出の3割程度を占め、農地の開発により森林を伐採することなどから生物多様性の損失にも影響する

出所：農林水産省の資料を基に日経ESG作成

改定・生物多様性民間参画ガイドライン

　企業は生物多様性の保全と持続可能な利用を進める上で重要な役割を担っている。民間の事業者向けに、生物多様性の考え方や取り組みの手順などをまとめたのが「生物多様性民間参画ガイドライン」だ。第1版を2009年に策定し、2017年に改定版を発行。2023年3～4月に新たに改定した第3版を発行する予定だ。第3版の副題は「ネイチャーポジティブ経営を目指して」である。

　ビジネスと生物多様性に関しては、国内外で数多くのイニシアチブが発足し、企業活動が自然に及ぼす影響評価や、自然の情報開示に関する検討が活発に行われてきた。2022年12月に国連で採択された生物多様性の新しい世界目標「昆明・モントリオール生物多様性枠組」には、ビジネスに関する目標も多く含まれた。2030年までに陸域と海域の30%以上を保全する「30by30目標」も設定され、日本でも企業の所有地を同目標に貢献する「自然共生サイト」として認定する制度設計が進んでいる。

　こうした状況を反映すべく、新たに国家戦略の改定に踏み切った。事業者が生物多様性への配慮を行う際に課題となる「目標設定」と、近年顕著な動きがある「情報開示」について対応の方向性を盛り込むべく改定の議論を進めてきた。

　本ガイドラインは4つのパートから成り、参考資料と別冊資料群を付ける構造にしている。

　第1編の「事業活動と生物多様性」では、生物多様性や自然資本と事業活動との関係性（依存や影響、リスクと機会など）を整理し、生物多様性や自然資本が企業経営に大きな影響を及ぼすことを、経営層から担当者まで分かるように説明した。生物多様性と経済との関わり、昆明・モントリオール生物多様性枠組、国家戦略、目標設定、情報開示について解説している。

　第2編は「生物多様性の配慮に向けたプロセス」だ。事業活動に生物多様性や自然資本を組み込むに当たって基本となる手順（プロセス）を示し、手順ごとに取り組みの内容を解説した。ESG担当者やCSR担当者にとどまらず、経営企画の担当者が経営戦略に生物多様性を組み込むプロセスなども示している。

　第3編は「影響評価、戦略・目標設定と情報開示」である。上記の手順を進める上で最も重要になるのが、事業活動が生物多様性に及ぼす「影響評価」の手法や、影響評価の結果を踏まえた「戦略・目標設定」である。これについて示すとともに、ESG投融資の観点からも関心が高い「情報開示」につ

いて解説している。自社の取り組みレベルを認識し、より高いレベルへステップアップすることを狙いとして、目標設定と情報開示をメインに取り組みレベルを5段階で示した。また、SBTs for NatureやTNFDの枠組みなどの国際動向も紹介している。

第4編は「Q&A集」だ。「なぜわが社が生物多様性に取り組まなければいけないのか」といった基本的な質問をはじめ、中小企業や金融機関の実務者が抱く質問と回答を記載した。実務担当者向け、中小企業の実務担当者向け、金融機関向けとQ&Aを3つに分けて示しているのが特徴だ。今後、参考資料編やエグゼクティブサマリーをウェブサイトで公開していく。

これから生物多様性に取り組む企業にとって実用的な内容となっているため、ぜひ活用していただきたい。

編集協力：環境省自然環境局

■ 経営に生物多様性を組み込む基本的な手順

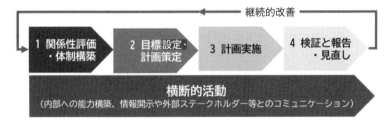

■ 目標設定と情報開示に関する取り組みレベル5段階

	段階的アプローチ
1	生物多様性に関して無実施
2	事業活動のうち、一部分について、実施
3	環境マネジメントシステムなどに基づき継続的に実施
4	将来的に必要となる国際的枠組（SBTs for Nature、TNFD)に向けて一部の活動を実施
5	国際的枠組に対応し、活動を継続的に実施

改正外来生物法

　2021年5月に外来生物法が改正された。改正の主なポイントは3点あり、ヒアリなどの水際対策の強化、アメリカザリガニやアカミミガメといった広く飼育されている外来生物の対策のための規制手法の整備、防除の強化である。

　外来生物法は、正式名称を「特定外来生物による生態系等に係る被害の防止に関する法律」といい、特定外来生物による生態系、人の生命、農林水産業への被害を防止することを目的として2005年に施行された。海外から日本に人為的に持ち込まれ、上記のような被害を及ぼす恐れのある種を「特定外来生物」に指定し、飼養、栽培、保管、運搬、輸入、譲渡、放出などを禁止する法律だ。2023年3月末現在で156種類が指定されており、国が主体となって特定外来生物の防除を行う仕組みとなっている。

　しかし、2005年の法律制定時に既に広く日本に定着していた外来種も多く、物流やペットのニーズの増加などに伴ってその後も外来種が持ち込まれた。外来種の種類ごとに有効な対策も異なることから、法施行後も外来種の生息範囲が拡大し、新たな被害が発生するなど課題もあった。

　2013年に一度改正されたが、今回は2度目の改正に当たる。改正の主なポイント3点を解説しよう。

　1点目は、主にヒアリ類など非意図的に侵入する特定外来生物への対策である。2017年にコンテナに紛れて日本に侵入して以降、2023年3月末現在、18都道府県で92の発見例があり、さらに4年連続で大規模な集団も見つかった。専門家は日本にヒアリが定着するかしないかギリギリの段階であると警鐘を鳴らしている。

　ヒアリは南米原産だが、各国で大きな被害を及ぼしており、米国では分布の拡大に伴って人への健康被害や農業や畜産業など多様な経済被害をもたらしている。被害総額は年間6000億～7000億円と試算されている。ヒアリが定着した公園ではサンダルで歩けない状態になっているなど日常生活にも支障が出ている。日本への侵入の多くは、出港地もしくは経由地に中国が含まれる。

　ヒアリの定着を防ぐための対策の強化が必要だ。2021年の改正は、特定外来生物を発見しやすいよう、生息調査のための立ち入りを可能にしたり、輸入品がある土地や建物を検査対象にするなど国などの権限を拡充した。蔓延すれば国民生活に著しい影響を及ぼすような特定外来生物を、「要緊急対処特定外来生物」とし、ヒアリ類を指定した。それらの種がいる可能性が相

当高い場合は、通関後の物品も含め、検査・消毒廃棄命令や同定中の荷物の移動禁止命令などを出すことができる。被害防止のため、荷主や港湾管理者、物流事業者などの関係事業者がとる措置に関する指針（対処指針）を定め、関係者が協力してヒアリ類の侵入を防ぐ体制となる予定だ。

　2点目の改正は、アメリカザリガニやアカミミガメに関する規制だ。外来生物法ができた当初は、特定外来生物に指定することによって家庭で飼育しているアメリカザリガニやアカミミガメを野外に捨てる家庭が続出するのではないかと懸念され、かえって生態系に悪影響を及ぼすため規制しない方向でまとまった。しかし、近年、アメリカザリガニが水辺の生態系に大きな影響を与えているという知見の蓄積や、環境省のモデル事業の実施、防除マニュアルの作成などの対策が積み重ねられ、対策を進めることになった。具体的には、アメリカザリガニやアカミミガメの2種については、輸入、販売・頒布（特定または不特定多数に広く配ること）、放出をこれまで通り規制するが、販売・頒布・購入目的以外の飼育や譲渡を規制から外した。

　これにより一般家庭でそのまま飼育が可能となり、何らかの事情で飼育できない場合の無償譲渡も可能になった。従来の特定外来生物と扱いが異なることから、「条件付特定外来生物」と呼ぶことになった。

　3点目は、特定外来生物の防除の強化だ。従来の外来生物法には責務規定がなく、防除を行うのは国のみで、地方公共団体や民間は国の確認・認定を受けてのみ防除できたため、防除の効果が限定的だった。改正法では国、地方公共団体、国民、事業者に責務規定を設け、これら主体同士の協力規定を設けた。

　特に都道府県は、被害の発生状況に応じて我が国に定着した特定外来生物の被害防止に必要な措置を行うことが責務となり、市町村は必要な措置に努めることが定められた。国民や事業者の責務としては、特定外来生物の知識を深め適切に取り扱った上で、地方公共団体の施策に協力することなどを記載した。都道府県が行う防除の手続きも緩和された。制度が動き出せば特定外来生物の防除が大きく進む転換点になる。各主体がそれぞれの立場に応じて、法改正の趣旨を行動に結びつけることが重要である。

編集協力：環境省自然環境局

■ 外来生物法の概要（改正後）

法の目的：特定外来生物による生態系、人の生命・身体、農林水産業に関わる被害の防止
法の概要：特定外来生物被害防止基本方針を国が策定
特定外来生物を指定（特定外来生物に対しては以下を禁止）
・飼養、栽培、保管、運搬
・輸入
・譲渡

・放出

要緊急対処特定外来生物を指定（ヒアリ類）

・付着などの疑いのある物品や土地の検査

・付着などしている物品の移動制限、禁止命令

・事業者のとるべき措置の対処指針の策定

条件付特定外来生物を指定（アカミミガメ、アメリカザリガニ）

・販売・頒布・購入目的の飼養や譲渡、輸入、放出のみ禁止

国や都道府県は公示して防除を実施。市町村や民間は国の確認、認定を受けて防除

合法伐採木材利用促進法
（クリーンウッド法）

　G7伊勢志摩サミットに合わせて、2016年5月、合法伐採木材利用促進法（クリーンウッド法）が議員立法によって成立した。日本にとって初の企業向け違法材対策法になる。

　しかし、違法材を取り締まるという観点からは抜け穴の残る不十分な内容となった。まず、そのネーミングだ。当初想定されていたのは違法伐採対策法だった。ずばり違法材の輸入を禁止する法律だった。しかし業界の意向を汲んだ自民党の後押しもあり、違法材の規制ではなく合法材の輸入促進に変わった。企業に課されるのは違法材を防ぐ努力義務だけ。木材製品を扱う全企業を対象に、広く緩く網がかかる形となった。

　日本に流通している外材には違法材が混入している危険性がある。違法材は森林を減少させて温暖化の進行や生物多様性の損失をもたらすだけでなく、テロ組織の資金源になる危険性もある。このため違法材を規制する国際的な協調姿勢がとられてきた。2015年の独エルマウ・サミットでは、責任あるサプライチェーンの構築が首脳宣言に盛り込まれた。

　米国は改正レーシー法を、EUはEU木材法を施行し、企業に厳しい規制を課して違法材を取り締まってきた。ひるがえって日本の違法材対策は手ぬるいと指摘されてきた。

　日本では2006年にグリーン購入法の基本方針が改正され、国が調達する木材製品には合法性証明が義務付けられた。しかし対象はあくまで国だけ。これでは日本の木材需要の1割もカバーできない。企業の調達については、合法材利用に「責任がある」という記述にとどまった。

　グリーン購入法では合法性証明のガイドラインにも甘さがあった。木材供給業者は合法材であることを、自主的な証明によって示すことも認められた。ここに違法材が入り込む余地が残った。

　日本にも厳しい法整備を求める世界からの声が強まり、伊勢志摩サミットを前に成立したのがこの新法だ。しかし、前述した通り不十分な点が残ったことは否めない。

政省令が鍵を握る

　合法伐採木材利用促進法では、合法材の利用を努力義務と規定した。その代わり法律を課す事業者の範囲を、木材の製造、加工、輸入、輸出、販売を行う企業の全体に広げた。住宅や家具、製紙のメーカーをはじめ、コンクリート型枠を作るメーカーなども対象になる。ただ、小売りは今後の検討対象

だ。「小さな商店のティッシュペーパーなどは合法性の確認が困難なため」と林野庁は説明する。

　企業が合法性を確認する方法として3つを定めた。（1）日本または原産国の法令に適合していることを示す情報で確認、（2）確認できない場合は「追加的に実施する措置」で確認、（3）木材製品を譲渡する際には必要な措置で確認。

　（1）は原産国政府が発行する伐採許可証などの合法性証明書など、（3）は企業が木材製品を販売する際に証明書を添付して渡すことなどを意味する。

　違法材防止という意味で焦点となるのは（2）だ。証明書を発行していない国、または発行していてもガバナンスが低く証明書の内容が信頼できない国では違法材が流通しやすい。企業が情報を自ら収集して評価するという形になる。

　企業に努力義務しか課さなかった新法に対し、NGOなどは「実効性が乏しい」と批判する。EU木材法は、輸入業者に木材の伐採国や樹種、伐採許可書、取引業者、合法性文書などの提示を義務付け、違法材リスクを評価してリスク低減措置を講じる「デューデリジェンス」を求める厳しい規制となっている。米改正レーシー法も同様の厳しさだ。いずれも輸入業者に絞って義務を課し、市場への流入を防ぐ方法だ。違反すると高額な罰金が科される。これに対し日本は、全企業に網をかけたことで努力義務しか課せなくなった。

　新法のもう1つの特徴は「登録制度」を設けたことだ。事業者に合法性確認の方法を提出してもらい、第三者の登録実施機関が審査し、適切と判断した企業を登録する。いわば政府から「合法材を利用している企業」とのお墨付きを得る制度だ。

　ただし登録は任意である。登録後にも立ち入り検査があるが、その頻度や厳しさは一定範囲にとどまるとみられる。「合法材を使用するトップランナー企業を増やす法律ではなく、中小企業にも広く合法材への対応をしてもら

■ 違法伐採木材規制の世界の動き

2005年	英グレンイーグルス・サミットで違法伐採問題への行動で合意
2006年	日本がグリーン購入法に木材の合法性証明を追加
2006年	日本が木材製品の合法性証明のガイドライン策定
2008年	米改正レーシー法施行
2013年	EU木材法施行
2014年	オーストラリア違法伐採禁止法施行
2015年	独エルマウ・サミットで「責任あるサプライチェーン」を合意
2015年	TPP合意事項に「違法伐採木材の貿易に対する規律」
2016年	伊勢志摩サミットで「違法伐採の根絶」を共同行動に

う底上げの法律だ」と林野庁は狙いを説明する。

　一方、企業側にも困惑が広がっている。ある企業は、「登録が任意とはいえ、大手は評判リスクがあるから登録せざるを得ない。中小企業も納入先から要請されれば登録せざるを得ない。末端の下請け企業などは対応が大変だろう」と打ち明ける。

　国は自力で情報を得るのが難しい中小企業向けに、生産国ごとの違法材リスク調査結果を公表してリスク管理に活用してもらうなどの支援も打ち出している。

■ 合法伐採木材利用促進法で企業に努力義務が発生

 合法木材の定義
◉日本または原産国の法令に適合して伐採された木材を使って製造した家具や紙などの物品。リサイクル材は除く

事業者
◉合法木材利用の努力義務がある
◉木材関連事業者すべてが対象。製造・加工・輸出入・販売に関わる者
◉合法性の確認の判断基準
　(1) 日本または原産国の法令に適合
　(2) 確認が難しい場合は追加的措置
　(3) サプライチェーンで譲渡する際に必要な措置

◉登録制度（任意）

| 事業者 | 合法性確認の方法を提出して申請 → / ← 審査して登録 | 登録実施機関 |

◉罰則規定
　・虚偽の登録
　・合法性確認が不十分な場合は立ち入り検査

■ グリーン購入法が求める内容は不十分

国
◉合法性の証明された木材製品の購入を義務化

事業者（購入側）
◉合法木材利用の責任がある

事業者（供給側）
◉合法性証明
(1) 森林認証の活用
(2) 業界団体の認定を受けた事業者の証明
(3) 事業者の自主的な証明

出所：林野庁の資料を基に日経ESG作成

合法伐採木材利用促進法（クリーンウッド法） 改正案

　合法伐採木材利用促進法（クリーンウッド法）の改正案が閣議決定し、2023年の国会会期中の制定を目指している。

これまでの法律は、事業者に合法伐採木材利用の「努力義務」を課すとともに、合法性の確認を確実に行う木材関連事業者を「登録する」ことで合法材の流通を促進することを主眼としていた。しかし、登録事業者によって合法性が確認された木材の流通量は、日本の木材総需要量の約４割程度にとどまっている。合法材の利用を努力義務にしてきたことや、法律を課す事業者の対象範囲に小売りを入れてこなかったことなどが原因だ。

G7などの国際会合で違法材根絶に向けた取り組みが課題として取り上げられ、さらなる取り組み強化が必要になったことから、今回改正することになった。

　改正のポイントは３つ。

　１点目は国内市場に違法材が入らないような水際対策の強化だ。海外から木材が持ち込まれる際、最初に対応するのは輸入業者や原木市場の事業者などだ。そこで、輸入業者や原木市場の事業者などに対し、海外の輸出事業者や素材生産販売事業者から木材を購入する場合に、原材料情報の収集と合法性の確認、記録の作成・保存、情報の伝達を義務づける。

　２点目は、素材生産販売事業者に対し、伐採届などの情報提供を行うことを義務づける。

　３点目は、合法性確認の情報が消費者まで伝わるよう、小売りも事業者の範囲に追加し、登録を受けることができるようにする。

　１点目や２点目に対しては、主務大臣の命令に違反した場合は罰則規定がある。また、一定規模以上の水際の木材関連事業者には定期報告が義務づけられる。

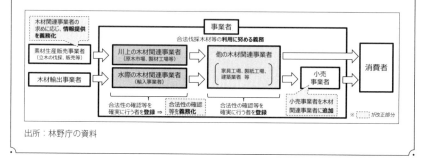

出所：林野庁の資料

改正漁業法／水産流通適正化法

　世界人口は2058年に100億人に増加した後、2080年代には104億人でピークに達し、2100年までその水準が維持されると予測されている。地球の表面積の7割を占める海洋における持続可能な食料システムの構築は、増加する食料需要を満たすための喫緊の課題だ。

　水産資源は本来、再生産する資源であり、科学的根拠に従った実効性のある管理を行えば持続的に利用できるものだ。しかし、世界の漁業資源は現在、約3割が乱獲され、約6割が資源いっぱいまで利用する状態になっている。余裕のある漁業資源は全体の1割以下で、その割合は年々減少している。

　かつて世界最大の水産大国だった日本は、水産業の衰退に歯止めをかけられずにいる。漁獲量はピーク時の3分の1になり、漁業従事者人口は同4分の1にまで減少し、さらに人口減少に加えて国民1人当たりの水産物消費が過去20年で4割減という文字通り「フィッシュ・ショック」の危機に直面している。

　危機的状況を打開すべく、約70年ぶりに漁業法が改正された。2018年に成立し、2020年に施行された。改正前の漁業法は、漁業生産力の発展と漁業の民主化を目的に1949年に公布された。今回の大改正は、水産資源の持続的な利用のための適切な管理と、水産業を成長産業とすることを両立させ、漁業者の所得向上や、年齢バランスのとれた漁業就業構造の確立を目指している。

　ポイントは4つある。

　第1は、資源調査や評価の精度を上げることだ。漁業資源を守るためには、ある魚種を持続可能に取れる最大の漁獲量（「最大持続生産量（MSY）」）の科学的知見に基づいて、資源管理の目標や漁獲管理規則を定める（漁獲シナリオを定める）必要がある。今回の改正は科学者、行政、漁業者が「MSY水準」を共通の目標にして資源管理に取り組むことを求めるとともに、将来予測の下で漁獲圧を調整する規則をつくれるようにした。資源評価の対象魚種の大幅拡大や、資源評価に必要な漁獲情報の報告におけるDX（デジタルトランスフォーメーション）の導入もロードマップに記した。

　第2は、科学的根拠に基づく資源管理だ。改正前は船舶の隻数や漁具、漁法など、操業に関する規制はあったが、船ごとの漁獲量の規制はなかったため、他の船より早く出漁してできるだけ多く出荷したいと考える船が多く、乱獲競争を加速させていた。改正法は、魚種ごとに「漁獲可能量（TAC）」

を定め、船ごとに「漁獲割り当て（IQ）」を決めることを定めた。日本で漁獲される約3700種の魚のうち、これまでTACを定めてきたのはサンマやサバなど8種のみだった。これで日本の全漁獲量の6割を占める。改正後はTAC管理対象種を増やし、全漁獲量の8割に引き上げる。IQでの資源管理に移れば、船ごとの漁獲上限が決まるため、早獲り競争が起きず乱獲を防げる。ただし、2023年3月時点で改正漁業法が施行して2年が過ぎたが、TAC対象魚種はまだ拡大しておらず、ロードマップの巻き直しが求められている。

第3は、漁業への新規参入障壁の廃止だ。改正前の漁業法は、小規模漁業者を中心とする漁業・漁村をつくり漁業者間の平等を目指したものだった。しかし現在の日本の水産業は、漁業従事者の減少と高齢化が深刻で、多額の補助金なしには成立せず、危機的な状況にある。改正法では漁業権の優先規定を廃止し、漁業や養殖業への新規参入、特に人材や資本が厚い企業の新規参入を促すものとした。

水産流通適正化法で魚の来歴を証明

科学に基づく水産資源管理を阻む主因の1つが、「IUU（違法・無報告・無規制）漁業」だ。IUU漁業は、持続可能な水産資源管理を阻害し、絶滅危惧種や保護種を混獲し、その回復を妨げるなど、生物多様性を脅かしている。また、正規の漁業者を不公平な競争にさらすだけでなく、現代奴隷の温床にもなっている。世界の漁獲量の最大31％（重量ベース）が、違法や無報告で漁獲されたものだとする推計があり、海洋におけるネイチャーポジティブの実現を阻んでいる。

日本は世界第3の輸入水産市場だが、法の網が緩いことから、IUU漁業対策を行う欧米市場から排除されたIUU漁業由来の水産物が大量に流入し、正当な事業者による水産物とIUU漁業由来の安価な輸入水産物との不公平な競争の場となっている。英ポセイドン・アクアティック・リソース・マネジメントが算出した「IUU漁業指数」では、2019年に日本は152カ国中133位と低評価を受けている。

この課題に対処するため、IUU漁業対策の包括的制度「特定水産動植物等の国内流通の適正化等に関する法律（以下、水産流通適正化法）」が2020年に制定され、2022年に施行された。

国内の漁獲水産物に対しては、違法かつ過剰漁獲のリスクが高い魚種を「特定第一種水産動植物」と指定する。同法施行開始時に対象となったのはナマコ、アワビ、シラスウナギの3種だ。漁業者は都道府県知事または農林水産省から届出番号を取得し、その届出番号に基づいて16桁の漁獲番号を付ける。魚種名、届出採捕者、重量または数量、譲渡年月日などの情報とともに買い受け業者、加工・流通業者、販売業者に伝達される。番号を受け取

った企業は取引や購入内容を記録・保存する。これにより、いつどこで獲れた水産物かを追跡できるようになった。

　輸入水産物に対しては、IUU漁業の恐れが大きい魚種を「特定第二種水産動植物」と分類。対象となる魚種を輸入する場合は、その水産物の旗国政府機関などが発行する適法採捕証明書（旗国以外の第三国で加工する場合は加工国政府機関などが発行する加工申請書）が必要となる。同法施行開始時に対象となったのはサバ、サンマ、マイワシ、イカの４種だ。

　国内漁獲種も輸入魚種も、規制の対象とする魚種など制度の見直しを２年ごとに行う。

　日本が水産流通適正化法を施行したことで、米国、EU、日本と国際的に流通する水産物の60％以上を占める世界３大市場が揃ってIUU漁業に「NO」を突きつけた。法整備を受けてIUU対策が前進することを期待したい。

花岡和佳男氏 シーフードレガシー代表取締役社長

■ 改正漁業法の概要

- ● **新たな資源管理システムの構築**
  漁獲可能量（TAC）と漁獲割り当て
  （IQ）で管理

- ● **漁業許可制度の見直し**

- ● **漁業権制度の見直し**

- ● **漁村の活性化と多面的機能の発揮**

- ● **その他、密漁の罰則強化など**

藤田 香（ふじた・かおり）

日経ESG編集シニアエディター／SDGs事業センター、兼、東北大学グリーン未来創造機構／大学院生命科学研究科教授。富山県魚津市生まれ。東京大学理学部物理学科を卒業し、日経BPに入社。「日経エレクトロニクス」記者、「ナショナルジオグラフィック日本版」副編集長、「日経エコロジー」編集委員、「日経ESG経営フォーラム」プロデューサーなどを経て、現職。生物多様性や自然資本、持続可能な調達、ビジネスと人権、ESG投資、SDGs、地方創生などを追っている。環境省中央環境審議会委員、東北大学教授などの他、富山大学客員教授を務める。

ESGとTNFD時代のイチから分かる
生物多様性・
ネイチャーポジティブ経営

2023年4月17日　第1版第1刷発行

著　者	藤田 香
編　集	日経ESG
発行者	北方 雅人
発　行	株式会社日経BP
発　売	株式会社日経BPマーケティング 〒105-8308　東京都港区虎ノ門4-3-12
デザイン・制作	明昌堂
裏カバーイラスト	関口 彩
カバーデザイン	明昌堂
印刷・製本	図書印刷

ISBN 978-4-296-20209-6
©Nikkei Business Publications, Inc. 2023　Printed in Japan